薩摩藩領の農民に生活はなかったか

有薗正一郎

あるむ

薩摩藩領の農民に生活はなかったか　目次

はしがき

私は、近世中頃～近代の薩摩藩領において循環する因果関係で結ばれていた二つの事象と、両者の関係を矛盾なく説明するための仮説を、この本に記述します。

事象のひとつは、近世中頃～近代薩摩藩領の耕作技術です。

一六八三年に編纂された薩摩藩領の法令集『列朝制度』の巻之四に「農業」の項目があり、当時としては高い水準の耕作技術が記述されています。しかし、『『列朝制度』巻之四　農業」の耕作技術は薩摩藩領に普及せず、近世中頃～近代の資料によれば、耕地面積は増えましたが、耕作技術は向上しませんでした。

もうひとつの事象は、近世中頃～近代薩摩藩領の農民の暮らしです。

いずれの本、またはいずれの論文に記述されているのかは確かめていませんが、近世薩摩藩領の農民は、重い貢租と商品作物の作付強制と役人の出張に関わる経費負担などに農産物と労力と金を収奪されて、「農民に生存はあったが、生活はなかった」とされてきました。また、近代になっても地主―小作人関係の下で、状況は近世と変わらなかったとのイメージを持つ人が多いようです。

しかし、私はまったく異なる情報も持っています。近世末から大正時代を生きた私の曾祖父は薩摩国日置《ひおき》郡に住んでいた貧しい農民で、農耕だけでは喰えなかったので、農閑期に村々を回りながら、竹細工製品作りで糊口をしのぎつつ暮らしていました。それでも、曾祖父は老齢期には昼間から焼酎を好んで飲んでいたとの話を、伯母たちから聴きました。私の曾祖父は、貧しい暮らしの中に楽しみを組み込んで、「生活していた」のです。

また、旧薩摩藩領では遅くとも近世に遡るハレの日の諸行事が各所で継承され、今もおこなわれています。ハレの日の諸行事は、暦の節目におこなう儀式であるとともに、支配される側が日頃溜まったストレスを発散するための娯楽でもあったと、私は思います。

近世中頃〜近代の薩摩藩領では耕作技術が停滞したことと、農民の暮らしに関わるかけ離れた二つの見解があることを、矛盾なく結び合わせ得る事実が、近世中頃から農民がサツマイモを作り始めて、主食材のひとつにしたことだと、私は考えています。サツマイモのおかげで、近世中頃以降の薩摩藩領の農民たちは、厳しい収奪体制下で粗放的な営農をおこなっても、「生活」できたのです。この私の解釈が第一部で提示する仮説の出発点です。したがって、この本の適切な表題は「近世中頃〜近代の薩摩藩領の農民に生活はなかったか」なのですが、二〇文字を超えるので、対象にする時期を示す語句は外しました。

この本は、第一部と第二部の二本立て構成にしてあります。

第一部では、近世中頃〜近代の薩摩藩領における耕作技術と農民の暮らしを記述し、両者はサツマイモを介して循環する因果関係で結ばれていたことを仮説として提示し、この仮説の是非を検証するための方法を展望します。読んでいただき、視点のずれや記述内容に誤りがあれば、ご教示ください。多くの人が納得できる検証作業の参考にいたします。

第二部には、第一部で幾度も引用し、かつ現代語訳が刊行されていない、『列朝制度』巻之四　農業」の翻刻文と現代語訳と解題を掲載します。私は、ここ四半世紀の間、休日は田畑で様々な作物たちと語りあって暮らしてきました。その経験を踏まえて、現代語訳は田畑で働く人々と作物たちの姿を頭の中で思い描きながらおこないました。

なお、この本では作物名と樹木名は漢字で表記しますが、この本のキーワードのひとつであるサツマイモは片仮名で表記します。

また、サツマイモは一八世紀初頭には薩摩藩領の本土で作られ始め、一八世紀後半には主要作物になっていたとの視点に立って記述しますが、作物としてのサツマイモの性格と薩摩藩領へ持ち込まれた時期に関する諸説を紹介することはしません。作物としてのサツマイモの性格については『サツマイモのきた道』と『さつまいも』、サツマイモが薩摩藩領の島嶼部と本土で作られ始めた時期については『さつまいも――伝来と文化』という表題の本に、わかりやすく記述してありますので、これらをご覧ください。

難解な記述箇所もあろうかと思われますが、薩摩藩領に限らず、これから近世～近代の農民の暮らしを明らかにしようと考えておられる読者へ、この本が役立てばさいわいです。

サツマイモの参考文献

小林　仁（一九八四）『サツマイモのきた道』（作物・食物文化選書③）、古今書院、二一四頁。
坂井健吉（一九九九）『さつまいも』（ものと人間の文化史90）、法政大学出版局、三一六頁。
山田尚二（一九九四）『さつまいも――伝来と文化』（かごしま文庫⑲）、春苑堂出版、二二八頁。

第一部　薩摩藩領の耕作技術と農民の暮らし研究の展望

I　問題の所在

薩摩藩領に関わる諸資料や研究者の著作を読むと、「近世〜近代薩摩藩領の農民の暮らしに余裕、すなわちゆとりはなかった」とのイメージを抱く場合が多い。

筆者は薩摩藩領の貧しい農民の子孫である。一八四七（弘化四）〜一九二三（大正一二）年を生きた筆者の曾祖父は、薩摩半島の東シナ海沿岸に位置する日置《ひおき》郡阿多《あた》村（地名の所在地は図1に記載してある）の貧しい農民であり、農耕だけでは暮らせないので、『鹿児島の歴史』(1)が「他郷への出かせぎの代表的なものは（中略）阿多のバラショケつくり（箕《み》・ざる職人）」（一七二頁）と記述する副業もおこなっていた。農閑期に村の男数人と一緒に村々を巡り、行った先の需要に応じて、種々の竹細工製品を作っていたのである。曾祖父の墓石は長径三〇センチほどの丸石で、曾祖母と並んで置かれていたことを、筆者は覚えている。一八七七（明治一〇）〜一九五九（昭和三四）年を生きた祖父も、一九一〇年代までは曾祖父と同じ経験をしたという。

しかし、明治末年生まれの伯母は筆者に「あんたのひい爺さんは昼間から焼酎を飲んでいて、焼酎のトックリを肩に掛けて村の道を千鳥足で歩きながら、子供たちと出会うと懐《ふところ》から駄菓子を取り出して、皆にくれた。本当にやさしい爺さんだったよ」と教えてくれた。一九一〇年代の光景であろうが、当時の村は近世の郷士（地主）と門《かど》百姓（小作人）関係のままであった。村の階層構造が変わるのは、第二次世界大戦後に実施された農地改革以降のことである。

それでも、曾祖父が飲んだ焼酎は買ったものだと思われるので、曾祖父は小銭は持っていたことになる。

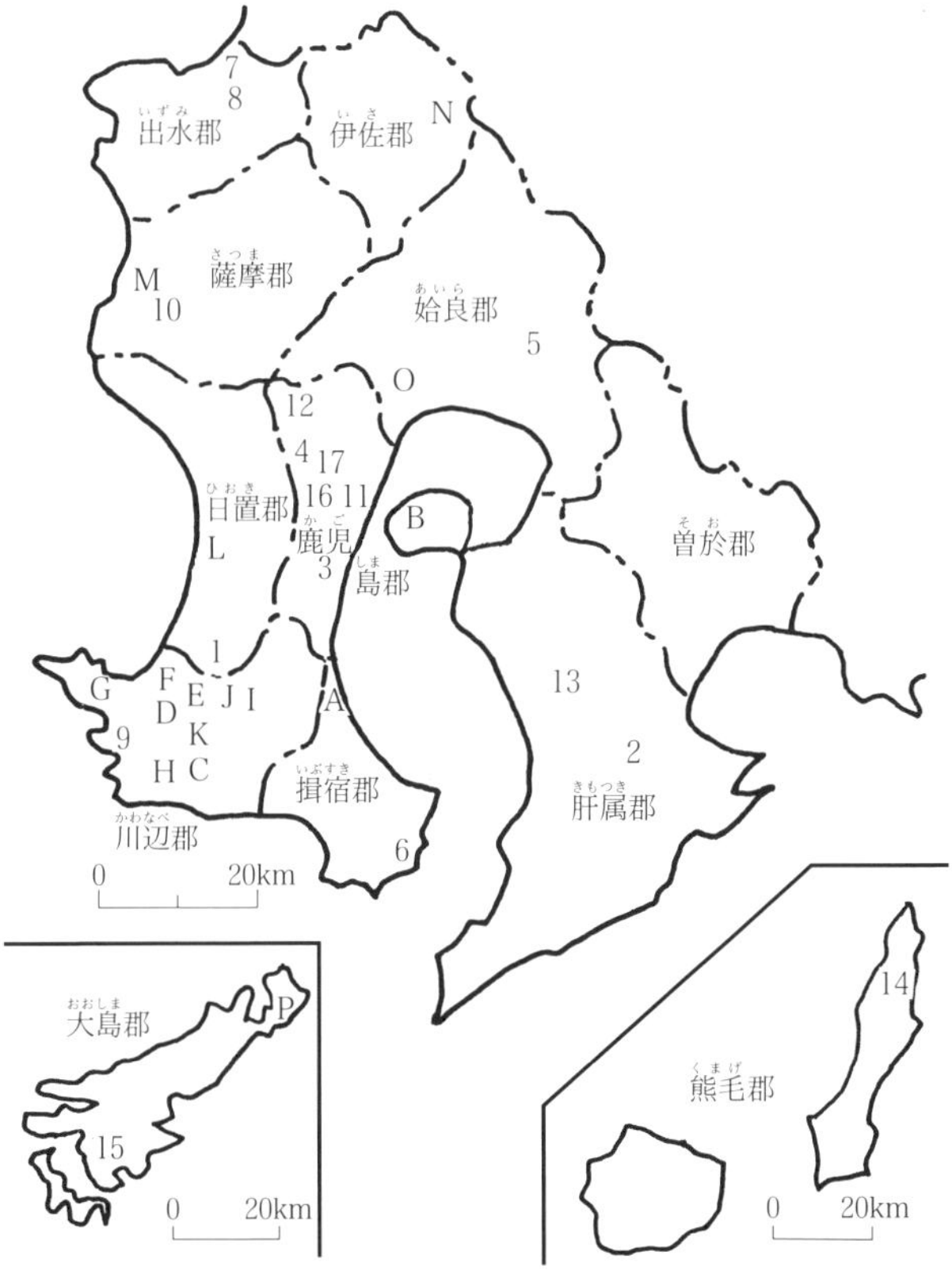

本文に記載する地名の所在地の図中番号

1　阿多《あた》村　2　高山《こうやま》郷　3　谷山《たにやま》郷　4　小山田《こやまだ》村
5　清水《きよみず》　6　山川《やまがわ》　7　米ノ津《こめのつ》　8　出水《いずみ》
9　坊津《ぼうのつ》　10　河内(川内)《せんだい》　11　新照院《しんしょういん》　12　入来《いりき》町
13　下高隈《しもたかくま》　14　現和《げんな》　15　瀬戸内《せとうち》町　16　枯木迫《かれきざこ》　17　日枝ヶ迫《ひえがさこ》

表6に記載する村の所在地の図中記号

A　喜入《きいれ》村　B　西桜島《にしさくらじま》村　C　東南方《ひがしみなみかた》村　D　加世田《かせだ》村
E　東加世田《ひがしかせだ》村　F　西加世田《にしかせだ》村　G　笠沙《かささ》村　H　西南方《にしみなみかた》村
I　知覧《ちらん》村　J　川辺《かわなべ》村　K　勝目《かつめ》村　L　伊作《いざく》村
M　西水引《にしみずひき》村　N　東太良《ひがしたら》村　O　蒲生《かもう》村　P　手花部《てけぶ》村

図1　本文中の地名と表6に記載する村の所在地

したがって、筆者は「旧薩摩藩領の農民の暮らしにはゆとりがあった」と思っている。近世〜近代の諸資料や研究者の著作から紡ぎ出されるイメージと、曾祖父の暮らしの一端との間には大きい隔たりがある。両者はともに事実であったことを矛盾なく説明できるか。これが第一部の「問題の所在」である。

以上の動機にもとづいて、第一部では四つのことについて記述する。

第一は、近世薩摩藩の法令集『列朝制度』の巻之四に記載されている「農業」の耕作技術は、近世薩摩藩領の地域性を明らかにしうる資料として使えるか否かの考察をおこなうことである。

第二は、〈貢租の高い賦課率・藩専売作物の耕作強制・不要役職と接待と賄賂の増加→サツマイモ作とサツマイモ食の普及→畑面積の拡大→耕地拡大に追いつかない耕作技術と人口→低い耕地利用率と不作付地の増加→農業生産力の停滞〉に至る因果関係の流れを、近世と近代の資料を使って説明することである。

第三は、厳しい収奪体制下でも、薩摩藩領の農民が、ハレの日の諸行事をはじめとして、楽しみを交えつつ暮らしていた要因を、近世中頃のサツマイモ作の普及とサツマイモを日常の主食材に加えた事実で説明することである。

第四は、旧薩摩藩領の歴史と対比する作業を踏まえて、近世末〜近代の旧薩摩藩領の農民の一人であった筆者の曾祖父の暮らしを、「地域性」の視点から説明することである。

筆者は地理学徒である。地理学は何らかの事象を指標にして「地域性」を明らかにする科学である。筆者は、近世農書が記述する農耕技術を指標に使って「地域性」を明らかにする作業を、四〇年ほどおこなってきた。

一九世紀までの日本は、それぞれの地域が個性（地域性）を持ちつつ、緩やかにまとまっている領域(United Regions of Japan) であったが、二〇世紀に入ると、各地域の性格を「進んでいる、遅れている」の視点で順位付ける、「地域差」で解釈する場合が多くなった。

各地域の性格には、陸上競技場の同等に設定されたコースを一斉に走るにもかかわらず、終着点では順位がつく人々に例えられる「地域差」と、広い公園をそれぞれの好みで走ったり散策する人々に例えられる「地域性」がある。先に記述した筆者の曾祖父の暮らしは、地理学が目的にする「地域性を明らかにする視点」で解釈すれば、矛盾なく説明できるであろう。

ここで、旧薩摩藩領の耕作技術と農民の暮らしに関わる研究をおこなってきた諸先学の中から、これまで筆者が常時参照し、この本で記述することがらの基盤にした六人の研究成果を記載しておきたい。

朝河貫一は、中世南九州の営農の実態を明らかにするための資料である、『入来文書』[2]の翻刻をおこなった。『入来文書』が記述する中世までの田は、小規模河谷底（迫《さこ》）や山腹の棚田が多かった。

秀村選三は、土地に根ざし、生活に密着した歴史を究明するために、薩摩藩を日本の「西南辺境型藩領国」の典型に位置付けて、大隅半島高山郷《こうやまごう》の郷士・守屋家における営農形態と従属労働者（下人・奉公人）の生活実態を明らかにすべく、微視的研究をおこなった[3]（四〜六頁）。秀村は近世薩摩藩領研究者の研究視点を整理して紹介しており、筆者は秀村の記述は妥当であると考えるので、ここでは繰り返さない。秀村の著書の該当箇所を参照されたい（七〜二二頁）。

原口虎雄は、『列朝制度』、『農業法』[4]など近世薩摩藩領の諸記録と、『鹿児島県農事調査』[5]などの近代資料を翻刻し、薩摩藩領域で生きた人々の暮らしの実態を明らかにする作業をおこなった。また、原口は『日本農業発達史』別巻上(6)に薩摩藩領の農耕技術研究の視点を適確に記述している。

芳即正《かんばしのりまさ》は薩摩国谷山郷『名越《なごや》家耕作日記』(7)などを使って、薩摩藩領西目（薩摩藩領の中では先進地）の耕作技術を復原する作業をおこなっている。

桐野利彦は、現地調査にもとづいて地域の個性を明らかにする地理学の視点から、大隅半島笠野原台地における近世の開発過程などの研究を蓄積し、その一端を『鹿児島県の歴史地理学的研究』(8)に集約している。

鈴木公《ただし》は、薩摩藩領における近世の村落立地と近代以降の変化を、地理学の視点で考察し、その成果を『鹿児島県における麓・野町・浦町の地理学的研究』(9)に記述している。

II　『列朝制度』巻之四　農業」の耕作技術

『列朝制度』(10)は一六八三（天和三）年に薩摩藩が編纂した法令集である。この本の第二部に、原口虎雄が翻刻した『列朝制度』の「巻之四　農業」を現代語訳し、解題を付して掲載する。

ここでは、『列朝制度』巻之四　農業」が記載する耕作技術の中から、いくつかの項目を拾い、当時の薩摩藩領の地域性を明らかにしうる資料として使えるか否かを検討する。

「『列朝制度』巻之四　農業」を編集した三人（禰寝清雄《ねじめきよかつ》・菱刈重敦《ひしかりしげあつ》・汾陽光東《かわみなみみつはる》）は、いずれも薩摩藩の農政を担当していた役人であり、商品作物栽培の奨励や、新田開発をおこなった。三人の履歴は、原口虎雄が翻刻した『農業法』の解題に記述されている（注4　二六八〜二七〇頁）。

「『列朝制度』巻之四　農業」は、末尾に三人の編集者が「相談之上　諸所作功入候者共ニ相糺作之」（第二部、77頁）と記述しているので、薩摩藩領内に住む農耕技術に詳しい人々からの聴きとりにもとづいて、支配する側が「こんな農法をおこなっている人がいます。皆さんも試してみませんか」との視座で編纂した、勧農書である。

また、鹿児島方言と思われる表現「しゅむ（肥料が腐熟するの意味）」が二箇所使われていることも、聞きとりにもとづく勧農書であると、筆者が解釈する根拠のひとつである。

馬屋底のごミ土取事　（中略）こへしゅまざる所候ハバ　其分ハ中ニ切入　能しゅミ候所計可取（第二部、67頁）

『列朝制度』巻之四　農業」の記述内容は、稲と麦と粟の耕作法、肥料を作る手順と施肥の要領、農民の日常食材に限られる。

総記述量の四割を占める稲作技術の記述順は、作業の順序が入れ替わっている箇所もあるが、おおまかには春の浸種から始まって、来年用の種子の保存要領まで、作業順に記述されている。

すなわち、苗代に適する田の選びかた、選種と浸種の手順、苗代への施肥要領、苗代で育てる日数、田植の要領、田植後の水位調節の要領、本田の耕起と代掻の要領、除草の要領、追肥と中干しの要領、刈りとり前の落水の要領、稲刈りと乾燥の手順、脱穀後の籾干しの要領、来年用籾の選び方と保存の要領が、いずれもわかりやすく記述されている。

これら稲作に関わる部分技術の水準は、同時期の農書である三河国の『百姓伝記』[11]および岩代国の『会津農書』[12]と同等なので、情報の提供者は、薩摩藩領内で先進的な技術を実践していた人々であろう。

稲作技術の中で、筆者が他の農書で見たことがない技術は、一枚の田を六等分して除草回数〇～五回で収穫量にどれだけ差がつくかを試す「例作仕様の事」（第二部、60頁）である。

麦作技術の記述量は総量の十分の一ほどで、水田裏作麦と畑麦のいずれも記述している。「田麦」と称する水田裏作麦は高畝《たかうね》の上で作り、「麦ハ惣て水をきろふゆへ」（第二部、61頁）、田に深い溝を掘って排水するよう記述している。また、早生麦は播種後に肥料を被《かぶ》せ、晩生麦は先に施肥しておいて、肥料の上に播種する方法を奨励している。

重要な夏作穀物である粟作の記述量は総量の二十分の一ほどであるが、間引きと中耕と施肥の技術が要領よく記述されている。

他方、『列朝制度』巻之四　農業」にはサツマイモに関する記述がない。薩摩藩領の島嶼部へは、一七世紀末にはサツマイモ作は導入されていたと思われるが、『列朝制度』巻之四　農業」の編纂者たちがサツマイモは有用な作物であることを認める程度までには知られていなかったからであろう。

肥料を作る手順と施肥要領の記述量は総量の五分の一ほどを占め、肥料源のひとつである馬屋と肥料小屋の作り方、肥料小屋に肥料を積み上げる要領と管理法、小便溜と悪水溜の管理法、各種の肥料を混ぜる要領、干鰯《ほしか》の施用法が記述されている。肥料小屋の規模を「馬壹疋持候者ハ　三敷壹間貳間か　貳疋ならバ三敷二三間　それより上ハ見合　大キ成程手廻能也」（第二部、67頁）と記述しているので、この項目は馬を飼育していた上層農家から聴きとったのであろう。

しかし、『列朝制度』巻之四　農業」の耕作技術は普及せず、近世後半の薩摩藩領の耕作技術の水準は下っていった。したがって、『列朝制度』巻之四　農業」は、その耕作技術を指標にして、近世薩摩藩領の「地域性」を明らかにしうる資料としては使えない。

『列朝制度』巻之四　農業」は、耕作技術の次に、農民へ奨励したい日常の食材名と、それらの調理法も記述しており、麦粥については、粉食と粒食の両方に調理手順を記述している。勧農書に麦粥の調理手順が記述されているのは、麦が日常の主食材のひとつだったからである。

薩摩藩領では、米は籾高で計算した。籾一石の貢租は四斗一合、『感傷雑記』[13]では五斗二合（B）ほどが実状であった。籾一石を摺ると、玄米五斗五升（A）になるので、農民の手元に残る玄米の量は、AからBを差し引いた四升八合（Aの九％）である。

原口虎雄は『農業法』の解題に、「農民はほとんど全余剰を租税として収奪されていたという事情がある。（中略）『列朝制度』巻之四農業の末尾に、農民常食の在り様を教諭しているのは、劣弱な米穀生産のうちから租納部分に農民食糧部分が食い込むのを予防する配慮からであろう。」（注4　二七二頁）と記述している。

薩摩藩領には一八世紀前半に『農業法』と称される、前半が農書、後半が地方《じかた》書に該当する内容を記述した勧農書がある。

『農業法』は「『列朝制度』巻之四　農業」の編集者の一人であった汾陽光東の息子・汾陽四郎兵衛の編集書であり、末尾に「大心院様（禰寝清雄のこと）御代　農業方之儀被定置（中略）四郎兵衛様ニも大心院様御法を本ニ被成被相調へ候」（注4　二六二頁）と記載されているように、『農業法』の前半に記載された農書部分の内容は、『列朝制度』巻之四　農業」の営農技術にもとづいて記述されている。ちなみに『農業法』にもサツマイモと断定できる作物に関する記述はない。

「『列朝制度』巻之四　農業」と『農業法』は、水田における一毛作と二毛作のいずれも記述しているが、約二〇〇年後の一八八四（明治一七）年における一毛作田率は薩摩国が七三％、大隅国が六六％（『農商務統計表』田地作付区別）を占めていた。両書が記述する耕作技術は、「望ましい姿」のまま、普及しなかったことがわかる数値である。

Ⅲ　作業仮説

近世薩摩藩領の耕作技術と農民の暮らしに関して、筆者は次に記述する作業仮説を持っている。

行政と徴税システムにもとづく歴史学者の見解と、旧薩摩藩領の農民であった筆者の曾祖父の暮らしとの隔たりを矛盾なく結びつけるのが、近世中頃に普及したサツマイモ作と、サツマイモを日常の主食材に加えたことによる、食料事情の好転である。支配者による搾取が厳しくなってきた時期に、サツマイモ作が普及して、日常の主食材に加わり、その後も両者は限りなく循環した。

（支配者による農民への搾取が厳しくなる
米・菜種・櫨《はぜ》・楮《こうぞ》・漆《うるし》・甘藷《さとうきび》）

↓限りない循環↑

（日常の主食材の粟と麦にサツマイモが加わる）

重い負担を担う状況下でも、日常の主食材であった粟と麦にサツマイモが加わった時期以降は、ハレの日の楽しみごとを挟みつつ暮らす農民がしたたかさを膨らましていく、「限りない循環」を説明するために、この作業仮説を設定する。

この作業仮説は、これまでは支配者側が農民への搾取の程度を強める、支配される側から見ると、「悪循環」と解釈されてきた。

その一例をあげよう。『鹿児島の歴史』は「門割制度と農民」の項目の末尾に、重い貢租と公役を負担していた「門百姓には「生存」はあったが「生活」はなかったといわれる」（注1 一二一頁）」と記述し、その一例として、近世末までサツマイモが日常の主食材量の半分を占めていたとする、一八八〇（明治一三）年の「（日置郡）吉利《よしとし》村役場公文書綴常食物調査表」を掲載している（同 一二一頁）。

しかし、『鹿児島の歴史』は上記引用文の次に「農村の生活」の項目を設定し、「農民たちの一年間の生活を見ると、激しい労働の反面、「休み日」が何日かある（同 一二一頁）」の文章から始めて、休日や人生の節目での祝い事や村人との交流を楽しんでいた農民たちの暮らしを記述している（同 一二一〜一二四頁）。その基盤の役割を担う日常の主食材のひとつがサツマイモであった。

Ⅳ 近世後半の耕作技術と農民の暮らし

近世後半の薩摩藩領は、〈農民の過重な負担→サツマイモ作とサツマイモ食の普及→畑面積の拡大（表1）→耕地拡大に追いつかない耕作技術と人口（表2）→低い耕地利用率（表3）と不作付地の増加→農業生産力の停滞〉の流れに陥っていた。

近世後半の薩摩藩領下では、サツマイモ作とサツマイモを日常の主食材にすることが普及していた状況を、二つの記録から記述する。

一七八三（天明三）年に薩摩藩領を旅行した、橘南谿の『西遊記《せいゆうき》』(14)と古川古松軒の『西遊雑記《さいゆうざっき》』(15)に、土地

表１　薩摩国と大隅国の耕地面積

年	田（町歩）	畑（町歩）A	計（町歩）B	比率（％）	A/B（％）
1639	19,530	17,259	36,789	100	47
1890	56,140	159,856	215,996	587	74

1639年は『鹿児島県史　第二巻』、1890年は『鹿児島県史　別巻』による。

表２　日本と薩摩藩領の人口の動き

	近世中頃（万人）	1881年（万人）	増加率（％）
日　　本	2,600（1721年）	3,697	142
薩摩藩領	46（1706年）	77	167

近世中頃は除外人口を含まない。
1881年の薩摩藩領は鹿児島県の人口。
日本は『角川日本史辞典』（角川書店、1974年）、薩摩藩領は『鹿児島県史別巻』による。

の人々が「からいも」と呼ぶサツマイモを日常食べていたことが推測できる記述がある。

『西遊記』

（薩摩国鹿児島郡小山田村《こやまだ》に住む孝行息子の百姓太郎八は母親に）我田地《わがでんじ》のようす　其日にありし事をもかたり聞《き》かせ　粟《あわ》の穂《ほ》又はから芋《いも》などを出だして母に見せ　とかくして覚えず時《とき》を移《うつ》し　ついに夕飯《ゆうめし》をもわすれし事多かりしとなり（注14　巻之四　六七頁）

（天明三年正月一七日大隅国曽於《そお》郡清水《きよみず》の民家に宿泊して）しきりに腹うへてしのびがたし　僕して近きあたり堀穿《うが》たせ唐芋《からいも》四つ五つ見出してあぶりて打くふ　皮あら〱しきが灰にけがれたるも　などか大牢《たいらう》の味におとらん（同　補遺　二〇六頁）

『西遊雑記』

日向路より是（薩摩国山川の津）までの浦々島々　朝夕の食事に薩摩芋をさま〲に製して食物に入れ喰ふ事故こまり入りし所多し　薩州公の御領分に入りては　薩摩芋を琉球芋ともいわず　から芋といふなり　土地より作

表3　都道府県別の耕地利用率推移（%）

	1887年	1897年	1910年	1920年	1930年	1940年	1950年	1960年	1965年	1970年
北海道	53.9	61.2	64.3	68.1	75.0	90.6	99.6	98.7	100.6	94.5
青　森	98.3	96.3	97.9	100.9	94.4	100.8	121.4	107.9	107.6	94.7
岩　手	114.8	119.5	130.6	132.6	122.4	116.8	125.7	118.2	113.8	103.1
宮　城	111.4	114.7	132.2	129.8	118.9	117.0	133.6	116.8	114.2	101.3
秋　田	93.3	89.0	102.1	102.6	97.8	97.8	105.0	100.9	100.4	93.3
山　形	94.4	99.6	111.5	108.2	104.8	110.2	119.7	106.5	105.3	94.9
福　島	99.6	115.0	119.0	111.8	109.9	115.7	136.3	127.1	121.9	106.9
茨　城	137.2	143.0	148.0	150.7	139.1	143.5	155.6	149.2	140.2	125.5
栃　木	146.0	146.4	151.1	166.0	152.1	156.3	162.5	156.0	142.5	121.8
群　馬	135.3	158.1	158.3	163.6	150.9	149.8	181.5	157.4	143.1	125.9
埼　玉	132.6	142.8	149.4	160.0	136.5	138.5	173.6	153.5	136.3	119.5
千　葉	129.9	133.5	133.6	133.5	126.5	125.7	148.5	136.3	129.0	118.6
東　京	125.1	148.6	143.4	147.7	132.5	144.9	178.7	141.7	119.9	112.9
神奈川	149.8	154.2	144.0	148.0	138.0	139.4	187.2	153.7	134.6	126.9
新　潟	97.8	96.1	107.6	106.7	106.4	108.8	115.0	104.7	101.8	95.4
富　山	100.0	98.4	105.4	154.1	160.0	160.3	173.9	142.1	110.9	93.4
石　川	107.0	111.8	101.8	121.2	125.0	126.4	147.7	122.3	108.9	95.2
福　井	111.2	127.2	120.9	122.3	114.1	114.8	130.2	108.4	104.9	94.7
山　梨	135.4	136.1	135.1	147.8	143.5	156.6	180.3	140.7	125.7	111.9
長　野	118.8	122.8	111.0	121.6	122.3	122.8	148.6	128.1	116.5	101.0
岐　阜	131.6	131.8	140.5	135.3	137.3	145.5	171.7	148.1	131.5	113.0
静　岡	125.5	123.8	136.4	142.1	128.4	137.7	168.1	139.7	119.8	107.3
愛　知	151.4	148.7	134.7	144.7	131.3	152.4	181.7	145.7	125.2	110.1
三　重	141.4	151.8	146.3	147.4	140.2	147.3	173.3	142.6	119.6	101.5
滋　賀	118.7	132.6	131.2	148.9	139.6	146.0	164.5	147.6	122.6	98.2
京　都	125.1	133.9	136.9	137.7	124.1	131.1	158.6	130.2	111.3	102.6
大　阪	157.5	150.3	148.6	149.4	121.8	125.3	184.8	141.2	119.7	107.7
兵　庫	163.6	148.9	157.4	158.3	148.9	167.4	176.4	143.5	123.5	106.7
奈　良	138.7	145.0	160.5	154.1	136.5	143.7	185.7	135.7	118.5	100.8
和歌山	148.1	152.4	141.7	144.8	121.3	117.8	164.9	131.7	113.0	106.2
鳥　取	137.5	147.2	140.1	143.8	132.0	138.7	160.4	147.1	132.8	112.8
島　根	106.3	107.9	119.1	130.7	133.8	130.6	144.7	126.4	113.4	101.7
岡　山	139.5	149.3	149.8	156.2	144.6	158.3	168.7	146.3	132.1	108.5
広　島	107.2	109.3	146.8	154.6	147.8	155.9	161.4	139.0	121.8	104.1
山　口	146.3	143.0	151.3	155.0	137.8	145.7	169.3	141.6	127.4	105.5
徳　島	170.4	152.8	180.8	179.1	163.2	166.6	188.0	171.2	159.1	140.8
香　川	158.9	179.2	191.0	198.5	182.2	186.4	189.3	172.5	161.5	138.1
愛　媛		112.9	140.7	142.1	154.1	154.7	178.2	156.3	138.2	119.4
高　知	109.6	66.2	83.6	100.3	152.0	148.7	201.5	158.7	141.4	122.0
福　岡	153.8	148.6	161.3	189.3	176.4	176.6	182.4	168.7	151.0	124.2
佐　賀	139.4	149.3	160.2	173.3	165.7	173.0	195.1	165.8	148.7	127.4
長　崎	124.7	146.9	154.6	169.7	159.7	159.3	172.4	154.9	143.3	126.5
熊　本	153.5	139.4	164.8	187.3	190.9	190.3	194.1	169.2	152.5	132.5
大　分	150.2	143.7	149.5	164.4	161.4	164.7	169.9	154.7	138.0	124.3
宮　崎	117.3	97.7	119.7	154.6	166.5	172.3	185.3	166.3	147.7	138.4
鹿児島	104.9	103.2	120.7	146.2	174.7	175.5	209.0	168.7	151.2	139.3
沖　縄	—	—	—	—	115.9	121.4	—	—	—	—
全国平均	126.4	121.4	128.0	132.4	128.4	133.1	151.2	133.2	122.7	108.9

注1）耕地利用率(%)$=\frac{延作付面積}{総耕地面積}\times 100$

注2）1930、40年の全国平均は沖縄を含んだ数値である。

注3）次に示すものについては統計を欠く。
1887年の桑、茶、1887、97年の野菜類、1910年以前の緑肥作物、1940年以前の果樹類

（資料）
第4、14、27、37次農商務統計表
第7、17、27、37、42、47次農林省統計表

有薗正一郎（1975）「最近1世紀間の日本における耕地利用率の地域性に関する研究」『人文地理』27–3、112頁。

り出せるもの〻中にから芋ほど地の利多きものなし　それ故にから芋を作る村里は　いかやうの悪年凶年にて作物少しもみのらぬ事ありても　飢餲のうれひ　餓死せるなどといへる事　むかしよりなき事といふ（注15　一〇二頁）

また、一七九二（寛政四）年に薩摩藩領の米ノ津〜鹿児島間を旅した高山彦九郎の『筑紫日記』[16]には、三月四〜二〇日の間に焼酎を飲んだ記述が十一日ある。その例をひとつ記載する。

（三月二〇日）出水麓より五里申酉に来る郷士年寄松下三右衛門所に宿す（中略）焼酎酒肴吸物にて深更迄語る（注16　一五頁）

焼酎の原料名が記載されていないので、芋焼酎ではなかったかもしれないが、出水郷の郷士たちは焼酎飲みを楽しみ、遠来の客にもふるまっていたことがわかる記録である。

サツマイモを原料にする焼酎造りと飲用が薩摩藩領の人々に普及していく過程は、福満武雄が『焼酎』[17]の「戦前の焼酎」（一一八〜一三二頁）に諸記録を引用しつつ記述しているので、関心を持たれる読者は、これを一読されたい。

次に、畑面積の拡大から農業生産力の停滞に至る過程について記述する。

近世初期と近代初期の薩摩国と大隅国における耕地面積を表1に示した。二五〇年ほどの間に耕地面積は約六倍、畑の面積は約九倍に増えており、一六三九年に四七％だった畑の比率は、一八九〇年には七四％で、耕地の四分の三を占める状況になっている。この間にシラス台地の畑地開発がおこなわれたことがわかる。水が透下しやすいシラスが堆積する台地の開発を促進させた作物が、乏水条件下でも生育するサツマイモであった。

表4　可食部100g当り成分表

	生サツマイモ	玄　米	乾大豆	生イワシ	丸干しウルメ
エネルギー（kcal）	123	351	417	213	245
水分（g）	68.2	15.5	12.5	64.6	36.1
たんぱく質（g）	1.2	7.4	35.3	19.2	47.1
脂　　質（g）	0.2	3.0	19.0	13.8	4.8
糖　　質（g）	28.7	71.8	23.7	0.5	0.3
カルシウム（mg）	32	10	240	70	1,400
リ　　ン（mg）	44	300	580	200	1,200
ナトリウム（mg）	13	2	1	360	2,400
カリウム（mg）	460	250	1,900	340	970
ビタミンC（mg）	30	0	0	1	0

香川綾監修（1988）『四訂　食品成分表』（女子栄養大学出版部）による。

サツマイモは、移植した苗蔓《つる》が活着すれば、自らの葉で地表面を覆って水の蒸発量を減らすので、乾いたシラス台地でも生育して、秋には地中に芋ができる。掘り出した芋を生のままで穴に埋めれば、冬の間は腐らないし、輪切りにして、煮て干すか生のまま干して水分を除き、食べる時に水で戻して加熱すれば一年中食べることができるので、日常の熱源食材になる。

ただし、サツマイモはタンパク質の含有量が小さい（表4）。その対応策として、西南日本では、近世中頃から漁獲量が増えたイワシを食材に加えて、栄養源を確保することができた。従来の「穀物と大豆の加工品」に「サツマイモとイワシ」の組合わせが加わる日常食の体系が形成されて、西南日本では近世後半に食料事情が好転し、人口が増加する図式が形成された。薩摩藩領もその中に含まれる領域であった。

しかし、サツマイモを作って重要な日常の主食材に加えて食料事情が好転したことが、薩摩藩領における専売作物の耕作強制を強化する要因にもなった。

佐藤信淵の『薩藩経緯記』(18)と、伊東祐伴《すけとも》の『感傷雑記』（注13）は、薩摩藩が専売作物の栽培と加工を農民に強制していた、近世後半の状況を記述する資料である。

佐藤信淵は、薩摩藩の財政再建の方策を諮問してきた藩の重臣に、『薩藩経緯記』と題する答申文書を一八三〇（天保一）年に提示した。その内容は、八種類の藩特産品（甘蔗《さとうきび》・鉱産物・海産物・樟《くす》・樫《かし》・茶・櫨《はぜ》・馬）の生産と加工に関わる技術を解説することと（注18　六八四～七〇〇頁）、薩摩藩が多額の借金をしている大阪の商人へ生産物を売ると、安値で買いたたかれるので、江戸へ運んで売るのを薦めることであった（同　七〇二～七〇四頁）。それらの前提作業として、佐藤信淵は正確な国絵図の作製を提案している。

先国土の経緯度分を審かに測て　精密なる国絵図を製べし（中略）天地合体の国絵図を製するときは領内東西南北の里数町間尺寸迄明細に知らるるを以て　物産等を興すに殊に要用多し（同　六七九頁）

他方、伊東祐伴は藩専売作物の耕作強制と担当役人の横暴が農民に過重な負担を及ぼす社会の歪みを、一八三〇年代（？）に『感傷雑記』に記述し、世相の荒廃を嘆いている。藩専売作物の耕作強制が農民の生産活動に支障を及ぼす状況を記述した文章の一例を、次に引用する。

今之百姓之難儀と云は　櫨楮漆を始として　御益筋之煩雑に年中之手隙を費し　農業に力を用る事不叶女童之余力を頼ミ　兎哉角之作職を致し（中略）生業は出来兼候（注13　五〇頁）

『感傷雑記』が記述する状況は、一世紀前にはすでに薩摩藩領内に蔓延していた。郡奉行を勤めた久保平内左衛門が藩領内の各郷を巡見して、農村の疲弊の実情と改善策を一七三〇年代（？）に記述した報告書『諸郷栄労調』(19)の内容は、伊東祐伴が『感傷雑記』で吐露した諸事象とほぼ一致する。『諸郷栄労調』は、栽培を強制されていた櫨の実の摘みとり作業が、秋の農作業に支障を及ぼす状況を、次のように記述している。

櫨守取納の砌は　刈り取納最中　或ハ麦植付唐芋取揚の時節ニテ　人少の労百姓共別テ致迷惑候（五一頁）

薩摩藩領の農民へ課された過重な負担による農村の疲弊状況は一七三〇年代（？）には広く展開していたことが『諸郷栄労調』でわかり、その後も改善されなかったことが、『感傷雑記』から読みとれる。

薩摩藩領では畑の脇に櫨を多数植えていたことの一端が、ドイツ人地理学者リヒトホーフェンの旅行記(20)から読みとれる。一八七〇～七一（明治三～四）年に西日本を調査旅行したリヒトホーフェンは、北から川内《せんだい》の大小路《おおしょうじ》へ向かう道中で、次のように記述している。

薩摩国の産物の中では中国由来のハゼの木が重要な役割を担っている。それは畑で規則的に広く間隔をとって列状に植えられている。大小路の平野は特にそれが豊富である。（一九一頁）

さて、『諸郷栄労調』からほぼ一世紀後に著された『感傷雑記』には、『諸郷栄労調』では見あたらない事象が記述されている。そのひとつが、藩の役人が様々な名目で村々を巡回して、農民にその経費の負担と接待を強要しているとの記述である。次にその例を引用する。

諸郷廻勤之御奉公人え　近年酒焼酎を以取持を致し（中略）御奉公人之機嫌を取候得は　其者を動きもの働者と称して誉候風儀に相成　其物入に過分之出銭を出し　百姓甚致迷惑候（注13　五〇頁）。

『諸郷栄労調』の著者はそんなことはしなかったであろうが、後代の役人たちは不要な巡回をおこなって、接待を受けていたようである。

ちなみに、『諸郷栄労調』（一七三〇年代？）には「唐芋」の名称が二度記述されているが（注19　五一頁）、著者の久保平内左衛門は「（百姓共の）飯料第一の麦作」（同　五八頁）と、麦を農民の主食に位置付けている。

次に、近世薩摩藩領の農家家屋の規模と構造がわかる、一七八〇年代の記録が二つある。

ひとつは、一七八三（天明三）年に薩摩藩領を旅した古川古松軒が、薩摩半島南西端の坊津《ぼうのつ》から北西端の河内（川内《せんだい》）へ向かう途中で見て『西遊雑記』に記述した、農家家屋の規模と造りである。

> 坊の津より出立して河内へ行に（中略）互に申合て建しやふに　二間三間の居り家さして大小もなくかこひは勿論の事にして　暖国ゆへにや　馬屋うし屋には壁もなく家もかくの如く床の下はうちぬきにせしものにて　外よりも内よりも農具をさし入置　物置とせし物なり　他国になき家作りなり（注15　一〇六頁）

いずれの農家の家屋も似たような造りで、母屋は短辺二間と長辺三間（面積六坪）で、寒いでない床下を農具などの物置に使い、屋敷周りを囲う垣根はなく、家畜小屋には壁がない。百年前に「『列朝制度』巻之四　農業」が奨励した「馬の寒ニ不痛様ニ壁をして」（第二部、66頁）の建て方は普及していなかった。古川古松軒が薩摩半島の西岸を旅する途中で見た農村は、貧相な家屋が並ぶ風景だったようである。ただし、古川古松軒は、台地上には広い畑があって、この畑で穫れる雑穀のおかげで、農民は飢えることはないとも記述している。

> 国中八分は山にて　其嶺々押しひしきしやうに山の頂平なる故に　それをひらきて畑とし　雑穀を作る事にて　食物はよろしからねども　下民飢餓の難なき国なり（注15　一〇七頁）

もうひとつは、一七八六（天明六）年に薩摩半島の西海岸を北から南へ旅した佐藤信淵が、河内（川内）から坊の津（坊津）へ向かう途中で見て『薩藩経緯記』に記述した、農家屋敷の景観であり、家屋の規模は古川古松軒の記述と一致する。

河内より坊の津に至る行程十餘里（中略）土人の家を壁を塗りたるは無く　何れも二間に三間位なる草小屋にて　廏に似たる家のみなり（注18　六九五頁）

また、佐藤信淵も、低地は少ないが、広い山（台地）は開墾されて耕地が広がっていたことを、次のように記述している。

河内より坊の津に至る行程十餘里　其間は九分は山にて平地一二分に過ず　然れども山の上も平地多く悉く開けて耕作す（同　六九五頁）

いずれも農民の住と食の実情を見抜いた卓見であり、筆者の曾祖父の暮らしを想起させる記述である。他方、『鹿児島県農地改革史』[21]は「幕末における土地制度の変貌」の中で、米の貢租率が八割に近かった薩摩藩領では、農民は健康に暮らせないほどの負担を背負っていた状況を、蒲生《かもう》郷八村における一八六九（明治二）年の用夫《いぶ》（貢租負担男子）のほぼ三人に一人が何らかの病気持ちであったことを例にして、説明している（一五六～一五八頁）。また、「明治初期までの鹿児島県農業」の項目では、『樋脇村史』、『西串良郷土史』、『出水風土誌』、『奄美大島史』の記述を引用して、近世末から近代初期の薩摩藩領の耕作技術は低く、その要因は、過重な貢租と労役を課されていた農民には耕作技術を向上させる余裕がなかったことである、と説明している（同　三四二～三五一頁）。

近世末の薩摩藩領ではどのような営農が実践されていたか。その一端がわかる資料が、藩領内の先進地である西目（薩摩国）谷山郷の記録『耕作萬之覚』[22]（一八六五～七六年）と、後進地である東目（大隅国）高山《こうやま》郷の記録『耕作日記』[23]（一八六四年）であり、いずれも一九世紀中頃の両地区における最高の技術水準の営農例である。[24]

『耕作萬之覚』は谷山郷の郷士・名越高朗《なごやたかあき》が三反歩ほどの田と五反歩ほどの畑を手作りした記録であり、三枚の田のうち二枚で稲と麦の二毛作、一枚の直播田で稲の一毛作、畑ではほぼ麦と夏作物の二毛作をおこなっていた。肥料は自給肥料のほかに石灰や人糞尿を買って施用していた。『耕作萬之覚』には直播田の代掻きに馬を使うとの記述がある（注22　三二六頁）ので、名越家は「『列朝制度』巻之四　農業」が記述した馬を持つ営農形態の事例として位置付けることができる。サツマイモは自作畑総面積の二〜三割、畑ののべ作付面積中の一五％ほどに作付していたようである（注24　二六二頁）。

『耕作日記』は高山郷の郷士・守屋舎人《もりやとねり》が一町四反歩ほどの田と二町歩ほどの畑を手作りした記録であり、田の総面積の一六％で稲の二毛作をおこない、六五％は赤米を作る直播田であった。畑では夏はすべての畑で多種類の作物を作り、冬は三割ほどに麦を作っていた。サツマイモは自作畑総面積の二割ほどに作付していた（注24　二六二〜二六四頁）。肥料は自給肥料だけであり、その中に「雑葉《ぞば》」と称する緑肥用の青刈大豆があった。

ただし、両資料ともに搾取する側の人が記述した営農記録なので、〈農民の過重な負担 → サツマイモ作とサツマイモ食の普及 → 畑面積の拡大 → 耕地拡大に追いつかない耕作技術と人口 → 低い耕地利用率と不作付地の増加 → 農業生産力の停滞〉の流れは読みとれない。

鹿児島城下の新照院に住んでいた士族・児玉實則の日記[25・26]には、上之屋敷と呼んでいた自作畑で、一八七八（明治一一）年一一月八日と一八日に「からいも取」（注25　七四・七七頁）、二四日に「麦植付方致候」（注26　六二頁）との記述がある。この自作畑ではサツマイモと麦の二毛作をおこなっていたと考えられる。新照院は図2―1の右端中央に位置し、台地斜面に畑（土地利用の記号が記載されていない所）があったことが読みとれる。これは近代初期の日記であるが、鹿児島城下近郊の畑では、近世後半には二毛作がおこなわれていたことを傍証する資料である。

V　近代の耕作技術と農民の暮らし

一八八〇年代後半に作成された『鹿児島県農事調査』は、近代初期の旧薩摩藩領における農業の状況を、県合計と一市二六郡を統計単位にして、定量的に測れる資料である。

『鹿児島県農事調査』の記述の中で、筆者がもっとも関心を持ったのが、各郡農民の気質に関わる項目である。日置郡の「専業農家及ビ兼業農家ノ生活」項目には「郡内専業農家ハ収入豊ナラズ　生活頗ル困難ナリ之ニ反シ兼業ノ者ハ　商業ナリ工業ナリ他ニ幾分ノ増収アルヲ以て　其生活ノ状況概して可ナリト雖モ　家資ニ餘裕アルモノ稀ナリ」（注5　四一〇頁）と記述されており、農作業の合間に竹細工製品作りの副業をおこなって暮らしていた筆者の曾祖父は、日置郡内の兼業農民の典型例だったようである。

鹿児島県全域または郡単位の統計数値を使って、近代鹿児島県の耕作技術の水準を記述する文献はいくつかある。

一八八四（明治一七）年に鹿児島県が日本政府に提出した『鹿児島県地誌』[27]には、村ごとに主要物産の名称と生産量が記載されており、生産量を指標にして県内における各物産の主産地分布を復原することができる。

『鹿児島県農地改革史』は、「鹿児島県農業の特質」で二〇世紀前半の農業に関わる県と郡単位の統計数値を使い、全国または他県と比較する方法で、食料自給を第一の目的にしていた農地改革前の鹿児島県農業の生産様式を記述している（注21　四二六〜四四七頁）。

なお、二〇世紀前半の鹿児島県は、耕地と水田の年間使用回数がわかる耕地利用率・二毛作田率ともに全国平均よりも高かったが、これは主要作物が圃場にない期間に緑肥作物を作付して、地力を上げるために敷き込んだからである[28]。

旧薩摩藩領における近代の耕作技術の実情を知るのに使える資料が、本富《ほんぶ》安四郎の『薩摩見聞記[29]』（一八八九〜九二年在住）と、シュワルツの『薩摩国滞在記[30]』（アメリカ人、一九〇七年頃在住）である。両書とも旧薩摩藩領ではサツマイモを作って、日常の主食材にしていたことを記述している。

『薩摩見聞記』は「農業産物」の項目に、鹿児島県の米麦の単位面積当り収量は日本の最下位にあること、粟が重要な主食材であること、サツマイモの作付面積は全国の五分の一だが収量は八分の一であることから、「是を以て見れば各種の作物に於て収穫は皆劣れり」（注29　四一一頁）と記述している。また、多くの農家が牛馬を飼育して、牛は畑の耕起に使い、馬は農閑期には放牧することを記述している（同　四一一頁）。

『薩摩国滞在記』はサツマイモについて「薩摩の地方は丘陵が多くて米作には適さないが、甘薯はどんな地方でも育った。栽培にたいして手間もかからず、小さな耕地面積で大きな収穫を得ることができた。粟《あわ》と一緒に煮た甘薯は、農民や豊かでない人々の日常の食べ物となった。甘薯の栽培によって、荒れて地味豊かでないこの地方としては、多くの人々を養うことができ」（注30　一一頁）たと記述している。

しかし、旧薩摩藩領では近世以来の地主—小作人構造の下で、農民の耕作意欲は低迷状態が続いて、二〇世紀初頭まで耕地の利用集約度は低かった。また、二〇世紀前半における耕地利用率の急速な上昇は、裏作

表5　鹿児島県における緑肥作物の地目別・種類別作付面積の推移

		1920（大正9）年		1930（昭和5）年	
		水　田	畑　地	水　田	畑　地
総　面　積	（町歩）	58,797	116,046	63,697	119,393
緑肥作物の作付面積	（町歩）	28,465	3,151	34,039	7,780
緑肥作物の作付比	（％）	48	2	53	7
緑肥作物を作付した面積中の種類別構成比					
青刈大豆	（％）	62	71	56	68
レンゲ	（％）	37	13	44	4
その他	（％）	0	16	0	28

『鹿児島県統計書』より作成。

に緑肥作物を作付したからであり（表5）、食用作物の多毛作による耕地利用率の上昇は、農地改革によって地主―小作人構造の村から自作農の村に変わってから実現した。

表6は、一九〇二（明治三五）～二三（大正一二）年に作成された、鹿児島県下一六村の『村是』[31]が掲載する農作物の生産量と消費量から計算した、村人一人当り主食材の消費量（一日と一年）である。各村の位置は図1に示してある。表6を見る限り、各村の農民は十分な量の主食材を得ていたことが窺える。サツマイモの数値が記載されている村では、一日の食材の総量が四合～一升一合あり、いずれの村もサツマイモの消費量が多い。サツマイモは重量の三分の二が水分なので（表4）、食後一定時間後には空腹になり、サツマイモを幾度も間食して腹を満たさねばならなかったからである。

サツマイモの調理方法は、『聞き書　鹿児島の食事』[32]が川辺郡笠沙町（漁村）、薩摩郡入来町と始良《あいら》郡栗野町と鹿屋市下高隈《しもたかくま》（農村）、西之表市現和《げんな》と大島郡瀬戸内町（島嶼村）での聞きとりにもとづいて記述している。秋の掘りとり後から翌年三月頃までは生サツマイモを煮て食べ、その後はイモを輪切りにして、煮て干すか生のまま干しておき、水で戻してから煮て食べた。サツマイモにほとんど含まれないた

表6　鹿児島県下の『村是』にみる1人当り主食材消費量

郡村名	年	単位	粳米	裸麦	大麦	小麦	粟	蕎麦	甘藷	合計
揖宿郡	1902	1日(合)	1.2	0.1	0.45	0.04	1.5	0.08	5.719	9.089
喜入村		1年(石)	0.483	0.044	0.165	0.015	0.548	0.031	2.088	3.329
鹿児島郡	1902	1日(合)	0.9	—	0.23	0	0.1	—	6.8	8.03
西桜島村		1年(石)	0.329	—	0.084	0.005	0.002	—	2.495	2.915
川辺郡	1909	1日(合)	1.1	0.48	0	0	0.5	—	—	2.08
東南方村		1年(石)	0.4	0.176	0.021	0.018	0.176	—	—	0.791
川辺郡	1907	1日(合)	5.7	0	—	—	1.8	—	6.9	14.4
加世田村		1年(石)	2.08	0.012	—	—	0.657	—	2.529	5.386
川辺郡	1910	1日(合)	1.5	0	—	—	0.39	0	6.93	8.82
東加世田村		1年(石)	0.548	0.018	—	—	0.142	0.039	2.529	3.276
川辺郡	1910	1日(合)	1.3	0	0.28	0	0.78	0	1.44	4.4
西加世田村		1年(石)	0.48	0.236	0.1	0.014	0.286	0.043	0.526	1.685
川辺郡	1923	1日(合)	1.33	0	—	0	0	—	6.15	7.48
笠沙村		1年(石)	0.485	0.266	—	0	0	—	2.245	2.996
川辺郡	1910	1日(合)	0.69	0.01	—	—	0.42	0	6.89	8.01
西南方村		1年(石)	0.251	0.176	—	—	0.155	0	2.516	3.098
川辺郡	1909	1日(合)	2.5	0	—	0	1.5	0	5.6	9.6
知覧村		1年(石)	0.913	0.06	—	0.04	0.548	0.1	2.05	3.711
川辺郡	1912	1日(合)	2.0	0	—	0	1.0	0.383	2.082	5.465
川辺村		1年(石)	0.73	0.11	—	0.04	0.35	0.14	0.76	2.13
川辺郡	1902	1日(合)	1.753		(麦)1.151		0	—	2.63	5.534
勝目村		1年(石)	0.64		0.42		0.12	—	0.96	2.14
日置郡	1902	1日(合)	1.523	0.677	—	0.134	0.562	0	8.333	11.229
伊作村		1年(石)	0.556	0.247	—	0.049	0.205	0.08	3.042	4.179
薩摩郡	1909	1日(合)	2.0	0.685	—	0.137	0.4	0.055	—	3.277
西水引村		1年(石)	0.73	0.25	—	0.05	0.146	0.02	—	1.196
伊佐郡	1902	1日(合)	1.46	0.53	0.06	0.18	0.61	0.09	—	2.93
東太良村		1年(石)	0.533	0.193	0.02	0.066	0.223	0.033	—	1.068
姶良郡	1902	1日(合)	2.444	0.329	—	0.296	0.811	0.077	2.466	6.423
蒲生村		1年(石)	0.892	0.12	—	0.108	0.296	0.028	0.9	2.344
大島郡	1902	1日(合)	1.0	0.1	—	0.1	0.15	—	2.864	4.214
手花部村		1年(石)	0.365	0.037	—	0.037	0.05	—	1.045	1.534

一橋大学経済研究所附属日本経済統計センター（1999）『郡是・町村是資料マイクロ版集成』（丸善出版事業部）「消費 食品之部」が記載する各食材の消費額から算出した。

—印は記載がない項目を指す。

1戸当りで記載されている場合は、家族数を5人で計算した。

んぱく質は味噌とイワシで補った[33]。

『川辺町の民俗』[34]は、米に粟とサツマイモを加えた「唐芋粟飯」を炊く手順を、次のように記述している。

唐芋を洗って皮を剥く。一センチ角程度のサイコロ状に切る。（中略）米を洗って唐芋の一センチ角と混ぜて、釜で炊く。唐芋は上に浮いてくる。沸騰したら粟を入れる。粟は小さくて煮えやすい。炊けたら、メシゲ（飯杓子）で混ぜてから食べる。（注34　一六二頁）

またサツマイモは間食材でもあった。『川辺町の民俗』には、「丸まま茹でて、十時と三時の茶の時に、唐芋を食べていた。」（同　一六三頁）との記述がある。

VI　田畑の所在地を復原する

サツマイモなどの畑作物を作る畑はどこにあったか。筆者は明治期に作成された地形図を使って畑の大まかな分布を把握する作業と、一九四七〜八（昭和二二〜三）年にアメリカ軍が撮影した縮尺一万六千分の一空中写真を使って田畑一枚ごとの形を描く作業を、これからおこないたいと考えている。

明治期の田畑の分布と一枚ごとの形は地籍図に、面積は地籍帳に記載されており、鹿児島県ではこれを法務局が所蔵しているようであるが、まだ閲覧していない。他方、アメリカ軍が撮影した空中写真は日本地図センターから購入できるので、当分は空中写真を使って、この作業をおこなうことにする。

この作業手順の雛形として、筆者が一九六〇年代後半まで暮らした、鹿児島市原良《はらら》町枯木迫《かれきざこ》と日枝ケ迫《ひえがざこ》の土地利用復原作業をおこなってみた。

図2は、枯木迫と日枝ケ迫周辺の土地利用の変化がわかる、三つの時期の地形図である。図2―1に示す

一九〇二（明治三五）年に測図した地形図の中央の枠内にある二つの谷のうち、南側の谷が枯木迫、北側の谷が日枝ケ迫である。この図で土地利用の記号が記載されていない所は畑である。

「迫《さこ》」とは緩傾斜の小規模谷の呼称であり、谷底に数十センチほどの標高差がある階段状耕地が谷頭に向かって並んでいる。湧水地から下は棚田が並び、湧水地から上はシラス台地を登るにつれて段ごとの標高差が大きくなる段畑が配列する場合が多い。

古川古松軒は、枯木迫と日枝ケ迫の谷を登り切ったシラス台地上の景観を、『西遊雑記』に次のように記述している。

　西のかたは山連々とし　伊集院といへる所より五里　此道は小山の頂を街道とし　左右の谷々に村里多し　此ゆへに鹿児島に入るに下り坂有り（注15　九一頁）

古川古松軒が「此道」と表現した道が、図2―1の地形図の中央を南東から北西方向に向かう道である。この道の左半分が「小山の頂」の道、右半分が「下り坂」である。

図2―1の図を見ると、枯木迫と日枝ケ迫には、「小山の頂」に至る斜面に畑があったことがわかるので、谷底の田と「小山の頂」の道との間に位置する谷斜面に段畑が並んでいたことが読みとれる。

次に、アメリカ軍が一九四八（昭和二三）年三月三〇日に撮影した縮尺一万六千分の一空中写真を使って、耕地一枚ごとの形を描き、図2―1の地形図が表示する記号で田と畑を判別し、空中写真の色が濃い場合は、三月三〇日時点で耕地に作物が作付されていたと判断して、土地利用状況図を作る作業をおこなった。

図3はこの手順で作った図である。図2―1の地形図中の枠内が、図3で示す領域である。一九四八（昭

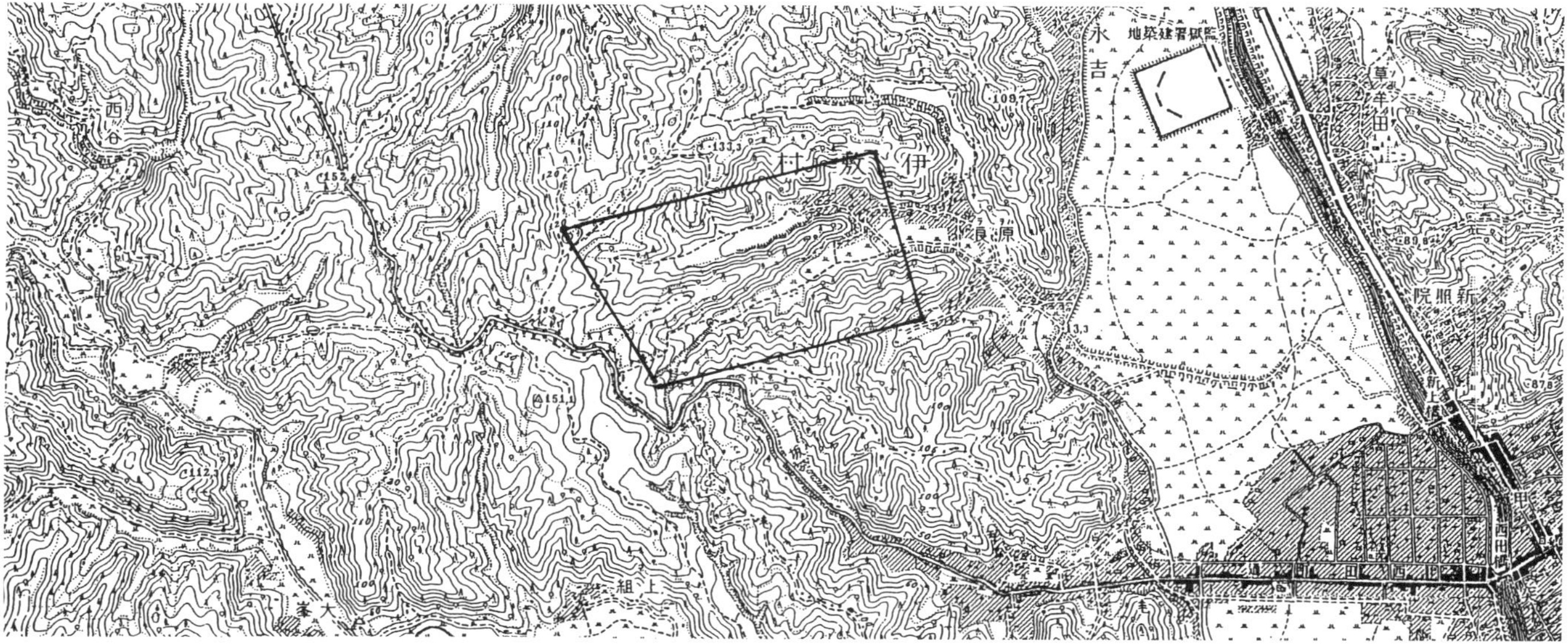

1902(明治35)年

縮尺２万分の１地形図「鹿児島」（明治35年測図）を２万５千分の１に縮小した。
図中央の枠内が図３に表示する範囲である。

0　1 km

図２－１　鹿児島市街地西郊における20世紀初頭の土地利用

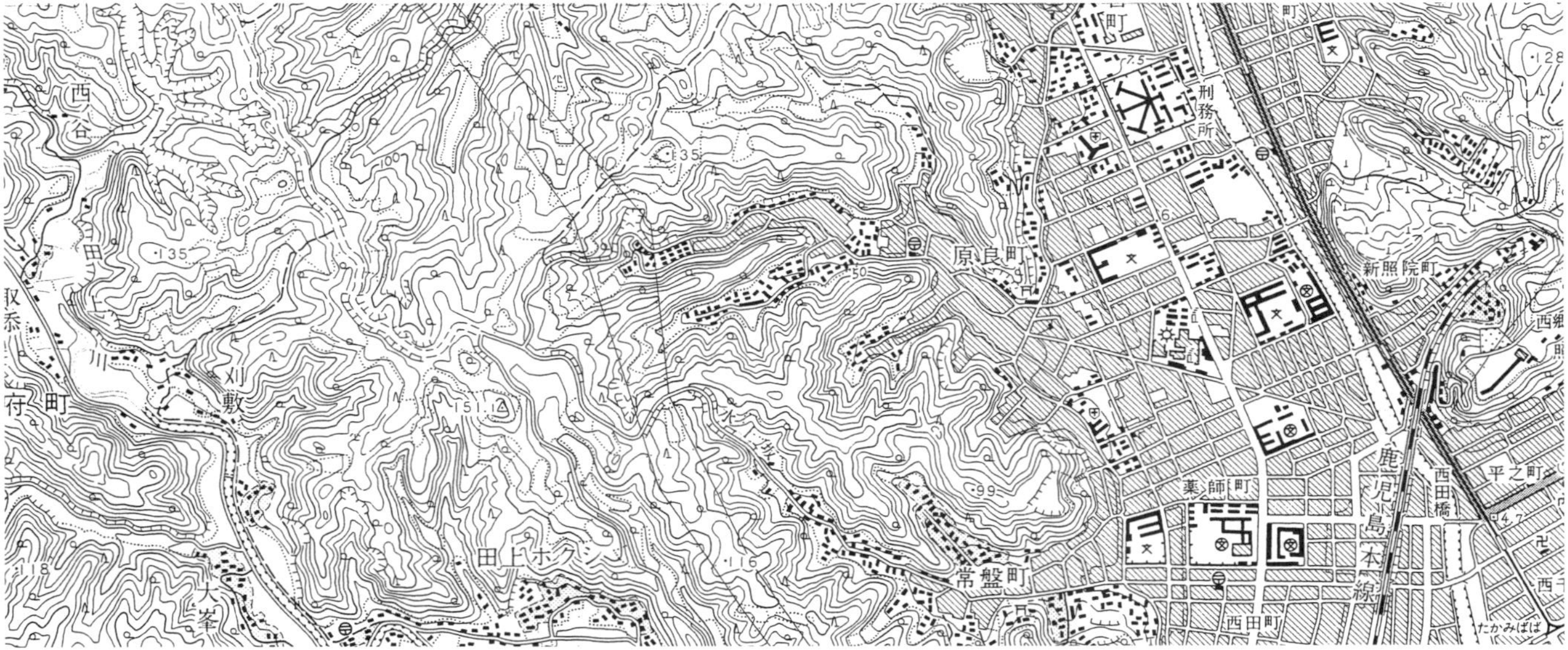

1966(昭和41)年　　縮尺2万5千分の1地形図「鹿児島北部」(昭和41年改測)

0　1 km

図2－2　鹿児島市街地西郊における1966年の土地利用

1990(平成2)年　　縮尺2万5千分の1地形図「鹿児島北部」(平成2年修正測量)

0　1 km

図2－3　鹿児島市街地西郊における20世紀末の土地利用

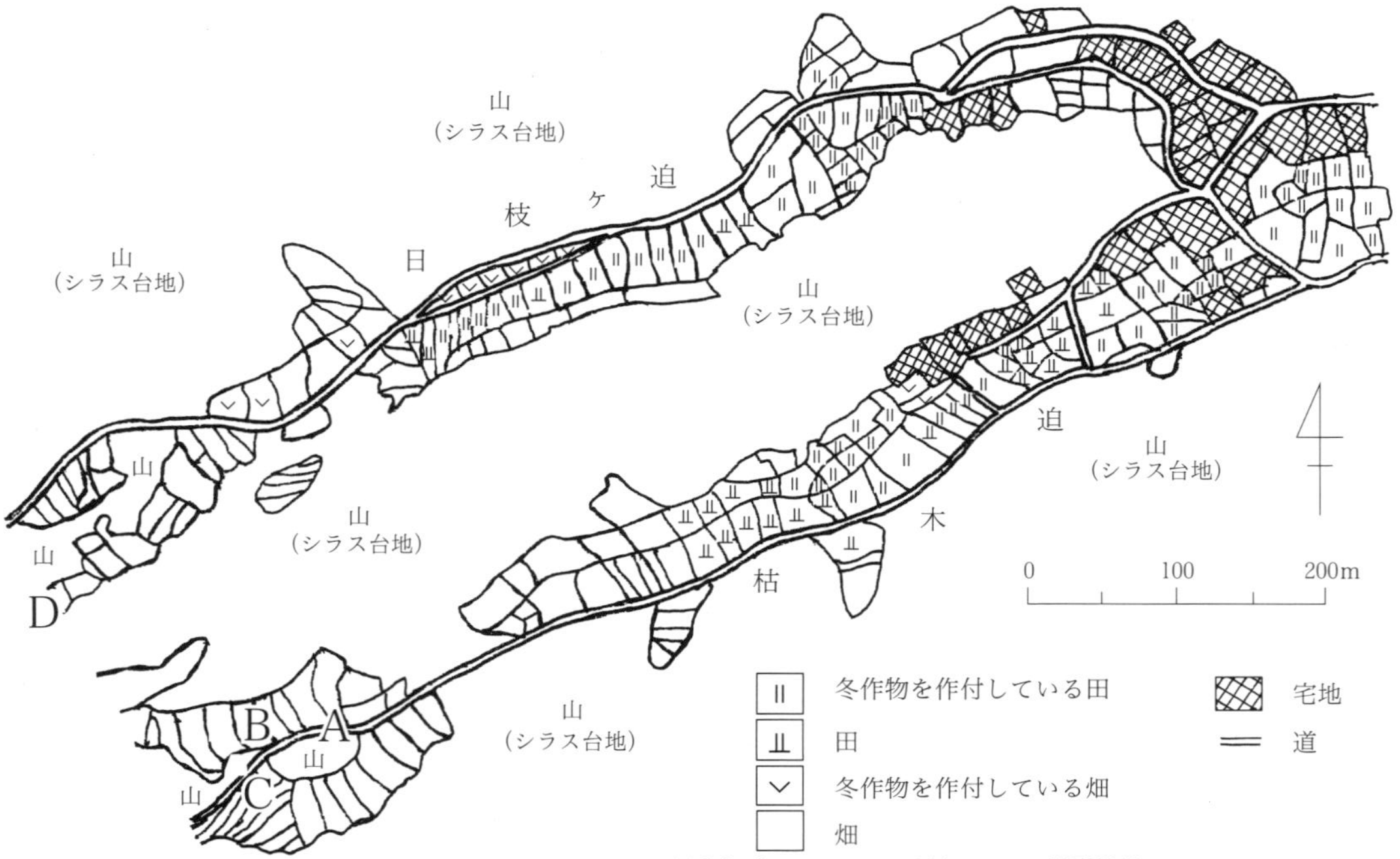

図中左下のＡ～Ｄは、写真１～６の撮影場所である。
Ａ　写真１　Ｂ　写真２～４　Ｃ　写真５　Ｄ　写真６

図３　枯木迫と日枝ヶ迫における1948(昭和23)年３月30日の土地利用
アメリカ軍撮影の縮尺1/16,000空中写真から筆者が作製した。

和二三）年は、鹿児島県域における耕作技術史の中で、耕地面積がもっとも拡大した時期であった。

したがって、近世〜近代における耕地の所在領域はこの図よりは小さかったであろうが、土地条件と近世〜近代の土木技術の水準から見て耕地の所在地と一枚ごとの基本形は変わっていないので、近世〜近代の田畑の所在地はおよそ復原できたと、筆者は考えている。なお、尾根道は図3の左端から五〇mほど西に位置し、その間の大半は段畑だったと思われるが、空中写真の撮影範囲から外れているので、形状は描けない。

筆者の記憶では、枯木迫の湧水地より下には棚田が並び、道沿いの小川から用水を入れていた。田面の色の濃淡から見て、この年に冬作物を作付していた田の割合はほぼ半分であったと考えられる。傾斜の方向に対して横長の田が多く、平均すると短辺一五m長辺三〇m前後、面積四百〜五百㎡（四〜五畝）ほどの田が並んでいた。

他方、枯木迫の湧水地より上の斜面には階段状の畑が並んでおり、田に続いて並ぶ段畑の標高差は一mほど、尾根に向かって急斜面をしばらく登った所にある段畑の標高差は二〜三mあることが、現地調査でわかった。いずれの畑も斜面を階段状に均してあって、傾斜方向に対して横長である。

図3の左下に位置する、尾根に近い場所にある畑群のうち、南側高位部の畑は細長い。ここは急傾斜地を階段状に造成した畑である。

空中写真を見ると、枯木迫の畑はいずれも白いので、冬作はおこなわれていなかったようである。聞きとりした土地の古老は、「山に上がる途中の畑では、昭和三〇年頃まで夏にサツマイモを作り、冬は休ませていた」と話された。近世〜近代の農民はこのような畑で作った作物を食べて、腹を満たしていたのであろう。

筆者の記憶では、日枝ケ迫は枯木迫より谷の傾斜が大きい。一九〇二（明治三五）年に作成された図2—

1の地形図では、日枝ケ迫の耕地はすべて畑で表示されているが、土地の古老は「枯木迫と同じように谷底には田が並んでいた」と話されたので、谷底の耕地には田の記号を記入した。耕地一枚ごとの形と面積は、枯木迫とほぼ同じである。耕地ごとに空中写真の色の濃淡で類別すると、田のほぼ八割、畑の一割ほどに冬作物が作付されていたと考えられる。

その後、枯木迫と日枝ケ迫の谷底に立地する田は、枯木迫の低位部を除いて、一九五〇年代前半に木造平屋建ての市営住宅に転用され、残った田も一九六〇年中頃までには住宅地に転用された（図2―2）。一九五〇年代に耕作放棄された谷斜面の段畑は、その後モウソウチクの藪か樹林地になっている（写真1〜6）。写真の撮影場所は、図3に記載してある。他方、「小山の頂」の道沿いにあった畑は、一九七〇年代以降に住宅団地へ転用されて、現在に至っている（図2―3）。

枯木迫と日枝ケ迫を事例にした、農耕の場であり日常の主食材の供給源でもあった田畑の所在地を復原するための作図作業は、地理学徒である筆者がおこなうべき課題である。

『鹿児島の歴史』は「(日置郡）吉利村では（中略）ほとんど山の頂まで丹念に石を積み、耕地にしている。（中略）南薩線や指宿線沿線からは、相当な高さの所まで段々畑があるのを見かける」（注1　一三二頁）と記述しており、一九四七〜八（昭和二二〜三）年にアメリカ軍が撮影した空中写真には、斜面の耕地の所在と形状が写っている。

筆者は、明治期に作成された地形図とアメリカ軍が撮影した空中写真を使って、『鹿児島の歴史』が記述する、山の斜面やシラス台地上に展開していた耕地の所在と形状を復原する作業を、これからおこないたいと考えている。

Ⅶ　研究の展望

ここでは、これまでの考察で明らかになったことと、これからおこなう研究の展望を記述する。

『列朝制度』巻之四　農業」は、近世薩摩藩領の耕作技術の地域性を明らかにしうる資料としては使えない。

次に、「近世中頃にサツマイモが日常の主食材に加わったことが、支配者による農民の搾取を強め、サツマイモへの依存がさらに大きくなる循環を生む」因果関係で示せる作業仮説を提示した。

筆者がこれまで閲覧した文字情報を整理すると、「重い貢租・藩専売作物の作付強制・不要役職の増加・接待の費用負担・地主と小作人からなる村の構造が農民の労働意欲を削ぎ、進んだ耕作技術が浸透する素地は構築されなかった。この状況は、二〇世紀中頃に農地改革が実施されて、大半の農民が自作農になって、はじめて克服された。旧薩摩藩領では、農地改革による農民の生産意欲向上が顕著であった」と、まとめることができよう。

しかし、薩摩藩領の農民の暮らしにゆとりがあったことも事実である。それを生み出した日常の主食材のひとつが、一八世紀前半に薩摩藩領で広く作られるようになったサツマイモであった。サツマイモは支配する側が搾取を強化する因子としても作用したが、支配される側の食料事情を好転させて、暮らしにゆとりをもたらした因子としての役割も担ったのである。

一八世紀前半に薩摩藩領でサツマイモを作って日常の主食材に加えたことは、過重な貢租と労役負担の礎石になったのか、農民が暮らしを楽しむ基盤になったのか。支配する側が記録した「たてまえ（公の文書）」

と、支配される側から聞きとって記録した「本音（民俗伝承）」のいずれも事実である。

サツマイモを「地域差」の視点にもとづく「貧しさを象徴する作物」ではなく、「地域性」の視点で「近世中頃～近代薩摩藩領の農民の暮らしにゆとりをもたらした作物」として位置付ければ、近世中頃～近代薩摩藩領の耕作技術と農民の暮らしの実情を明らかにすることができるであろう。

サツマイモは、『鹿児島の歴史』が「門割制度と農民」の項目に記述した、「生存」のための日常の主食材のひとつ（注1　一二一頁）ではなく、「農村の生活」の項目（同　一二一～一二四頁）に記述された、休日や人生の節目での祝い事や村人との交流を楽しむ農民たちの「生活」を支える日常の主食材のひとつであったと、筆者は考えている。

近世末～近代を生きた筆者の曾祖父の暮らしのように、事実を「地域性」で解釈する視点からの考察の裏付けに使える資料はほとんどないであろうが、明治期に作成された地形図と一九四七～八（昭和二二～三）年にアメリカ軍が撮影した空中写真を使って二〇世紀中頃の田畑の所在地を復原する作業と並行して、耕作記録類や地域の民俗事象を聴きとった資料から事実を拾う作業もおこなっていきたいと、筆者は考えている。それらの所在を知る方がおられたら、ご教示を乞いたい。

注

（1）鹿児島県社会科教育研究会高等学校歴史部会（一九五八）『鹿児島の歴史』鹿児島県社会科教育研究会高等学校歴史部会、三〇二頁。
（2）朝河貫一著書刊行委員会編（一九六七）『入来文書　新訂』日本学術振興会、三二三頁。

（3）秀村選三（二〇〇四）『幕末期薩摩藩の農業と社会』創文社、六八五頁。
（4）汾陽四郎兵衛（年代未詳）『農業法』（原口虎雄翻刻、一九八三、『日本農書全集』三四、農山漁村文化協会、二四三～二六三頁、同解題、二六四～二八七頁）。
（5）原口虎雄編（一九八〇）『鹿児島県農事調査』巌南堂書店、六一二頁。
（6）原口虎雄（一九五八）「鹿児島県近代農業史――その前進と停滞の構造」（『日本農業発達史』別巻上、中央公論社、三～四八頁）。
（7）芳即正（一九五三）「近世末期薩摩藩の農業技術と経営――名越家「耕作萬之覚」を中心として」『社会経済史学』一八－五、五一～六九頁。
（8）桐野利彦（一九八八）『鹿児島県の歴史地理学的研究』徳田屋書店、五一七頁。
（9）鈴木公（一九七〇）『鹿児島県における麓・野町・浦町の地理学的研究』自費出版、一六三頁。
（10）石井良助編（一九六九）『藩法集Ⅷ　鹿児島藩上　島津家列朝制度』（原口虎雄翻刻）、創文社、九五五頁。筆写者未詳（一九三七）『列朝制度』（都城本）。「巻之四　農業」は四三～六五丁。
（11）著者未詳（一六八一～八三）『百姓伝記』（岡光夫翻刻、一九七九、『日本農書全集』一六（巻一～七）、農山漁村文化協会、三～三三五頁。同一七（巻八～十五）、三～三三六頁。稲作に関わる記述は巻八～九、一一～一五六頁）。
（12）佐瀬与次右衛門（一六八四）『会津農書』（庄司吉之助翻刻、一九八二、『日本農書全集』一九、農山漁村文化協会、三～二一八頁。稲作に関わる記述は巻第一、一五～九一頁）。
（13）伊東祐伴（一八三〇年代？）『感傷雑記』（秀村選三翻刻、一九九三、「久留米大学比較文化研究所紀要」一四、一～七一頁）。
（14）橘南谿（一七九五～八）『西遊記』（宗政五十緒校注、一九七四、『東西遊記』二（『東洋文庫』二四九）平凡社、二六〇頁）。

（15）古川古松軒（一七八三）『西遊雑記』（本庄栄治郎ほか編『近世社会経済叢書』九、一九二七、改造社、一～一九八頁）。

（16）高山彦九郎（一七九二）『筑紫日記』（出水郷土誌編集委員会編『旅行記』、一九六六、出水市、一～一五頁）。

（17）福満武雄（一九七六）『焼酎』（ぱぴるす文庫二）葦書房、一七六頁。

（18）佐藤信淵（一八三〇）『薩藩経緯記』（『佐藤信淵家学全集』中巻、一九二六、岩波書店、六七一～七〇四頁）。

（19）久保平内左衛門（一七三〇年代？）『諸郷栄労調』（小野武夫『日本農民史料聚粋』九、一九四四、巌松堂書店、四九～六六頁）。

（20）F・V・リヒトホーフェン著、上村直己訳（二〇一三）『リヒトホーフェン日本滞在記――ドイツ人地理学者の観た幕末明治』九州大学出版会、二三六頁。

（21）鹿児島県（一九五四）『鹿児島県農地改革史』鹿児島県、一二四九頁。

（22）名越高朗（一八六五～一八七六）『耕作萬之覚』（芳即正翻刻、一九七〇、『田植に関する習俗』五、文化庁文化財保護部、三二四～三四五頁）。

（23）守屋舎人（一八六四）『耕作日記』（秀村選三翻刻、一九九九、『日本農書全集』四四、農山漁村文化協会、一九三～二六二頁）。

（24）有薗正一郎（一九八五）「一九世紀中頃の農事記録にみる南九州の土地利用方式」『地理学評論』五八、七八九～八〇六頁。（有薗正一郎（一九八六）『近世農書の地理学的研究』第Ⅱ部第五章第一節所収、二四九～二七四頁）。

（25）所崎平（二〇〇八）「「児玉實則日記」について――明治一一年（前半）」『鹿児島民俗』一三三、六九～七七頁。

（26）所崎平（二〇〇八）「「児玉實則日記」について――明治一一年（後半）」『鹿児島民俗』一三四、六〇～六九頁。
（27）鹿児島県（一八八二～八四）『鹿児島県地誌』（一九七六翻刻、全二冊、鹿児県史料刊行会）。
（28）有薗正一郎（一九八六）「二〇世紀前半の鹿児島県における緑肥作物栽培の普及と耕地利用」（上野福男先生喜寿記念会編『農業地理学の課題』大明堂、二二七～二三八頁）。
（29）本富安四郎（一八九八）『薩摩見聞記』（原口虎雄翻刻、一九七一、『日本庶民生活史料集成』十二　世相一、三一書房、三五五～四二三頁）。
（30）H・B・シュワルツ著、島津久大・長岡祥三訳（一九八四）『薩摩国滞在記――宣教師の見た明治の日本』新人物往来社、一八〇頁。
（31）一橋大学経済研究所附属日本経済統計情報センター編（一九九九）『郡是・町村是資料マイクロ版集成』丸善出版事業部。
（32）「日本の食生活全集　鹿児島」編集委員会編（一九八九）『聞き書　鹿児島の食事』（『日本の食生活全集』四六）、農山漁村文化協会、三五七頁。
（33）有薗正一郎（二〇〇七）『近世庶民の日常食――百姓は米を食べられなかったか』第七章第四節、一四〇～一四四頁。
（34）下野敏見編（一九九四）『川辺町の民俗　川辺町民俗資料調査報告書（二）』川辺町教育委員会、五九九頁。

参考文献

阿多地区公民館（二〇〇〇）『阿多地区伝承文化』阿多地区公民館、一四〇頁。

岩片磯雄・山田龍雄（一九五四）「鹿児島県農業史――雄藩農業の実態」（『日本農業発達史』二、中央公論社、四六九～五二七頁）。

鹿児島県（一八七九）『鹿児島県治一覧概表』（鹿児島県企画部統計課編、鹿児島県統計協会、二〇一〇、八九頁）。

鹿児島県（一九三九～四三）『鹿児島県史』一～四、鹿児島県。

鹿児島県教育会（一八九八）『薩隅日地理纂考』（鹿児島地方史学会校訂、一九七一、鹿児島地方史学会、七〇六頁）。

桐野利彦（一九八四）「シラスと南九州の人々の生活」『シラス地域研究』二、一～一三頁。

五代秀尭ほか編（一八四三頃）『三国名勝図会』（一九六六翻刻、全三冊、南日本出版文化協会）。

先田光演（二〇一二）『奄美諸島の砂糖政策と倒幕資金』南方新社、一六二頁。

桜井魯象・辻正徳編（一九六三～六）『金峰郷土史』一～三、日置郡金峰町教育委員会。

新薩藩叢書刊行会編（一九七一）『新薩藩叢書』一～五、歴史図書社。

曽槃・白尾国柱編（一八〇一～）『成形図説』（一九七四翻刻、全四冊、国書刊行会）。

田中定編（一九五七）『鹿児島農業の構造』鹿児島県、一〇八九頁。

知名町教育委員会編（二〇一一）『江戸期の奄美諸島――「琉球」から「薩摩」へ』南方新社、三一七頁。

名越高朗（一八六三～六八）『名越高朗日記』（谷山市郷土誌編纂委員会『谷山市郷土誌資料』六、一九六八頃、一四五頁）。

農商務省農務局編（一九二二）『旧鹿児島藩ノ門割制度』帝国農会、七九頁。

原口虎雄（一九六六）『幕末の薩摩』（中公新書一〇一）中央公論社、一八三頁。

平岡昭利編（一九八八）『明治の鹿児島　景観と地理』海青社、三二六頁。

第二部　「『列朝制度』巻之四　農業」の翻刻・現代語訳・解題

翻刻・現代語訳

翻刻と現代語訳にあたって

底本には、原口虎雄の翻刻本（都城本）（石井良助編『藩法集』Ⅷ、創文社、一九六九、「巻之四　農業」は一二三〜一三三頁）を用いた。

上段が翻刻文、下段が筆者の現代語訳である。

原口の翻刻文を筆者が変更した箇所には、右下に番号を入れ、翻刻および現代語訳の末尾に原口の原文語句を記載した。

苗代地之事

一こみ眞土田の深田を極上トス　苗の根長ク　何様成田に植付候ても　すゝミ能故　少し取にくき計なり　然どもケ様成ハまれにある故　眞土田の深田(1)を上とす　是も地味能故　植前ニ小便をふらずともよし　少ニても苗のあかまぬなり　植可申五日前ニ夕かげ時分ニ水落シて　いかにも小便をうすくふるなり　大形ハ砂地を吉とす　これ苗の取安キばかり也　地味悪敷故　右之ごとく小便をふらして　葉の勢ニて植なり

種子かし様の事

一時分ハ　節分より四十四五日内が大形能く　乍然所ニより替べし　常より十日早ク早稲をかし　夫より次第に　中稲晩稲ハ五六日ヅツ間有之候て　かし候也　爰にて草取の手廻迄見合候儀　第一也　左候てかし前ニ籾をかきひろげて　壹日半も干　虫喰を去　しいらを

苗代に使う水田

一苗代には耕土が厚い肥沃な壌土の水田がもっとも適切である。苗の根が長く伸びるので、どのような土地条件の田に移植しても、よく生長する。ただし、（根が長い分だけ苗を）ややこぎとりにくい。このような好条件の苗代田は稀にしかないので、耕土が厚い壌土の水田が、苗代には（二番目に）適切である。この苗代田も肥沃なので、田植前に小便を施用しなくても、苗は生長する。少量の小便を施用すれば、苗が枯れることはない。田植五日前の夕方頃に田の水を抜いてから、少量の小便を施用すればよい。砂地の田を苗代に使えばよいのだが、苗はこぎとりやすいものの、肥沃ではないので、右に記述したように、小便を施用して苗に生気を与えてから、田植をおこなえばよい。

種子籾を水に浸ける作業

一種子籾を水に浸ける作業を始めるのは、節分からおよそ四四～五日後までが適切だが、浸種作業を始める時期は場所ごとに異なる。早稲の浸種作業は他の稲より一〇日早く始め、その後、中稲と晩稲を五～六日ずつ遅らせて浸種する。（本田移植後の）草とりの手順も考えて、浸種作業をおこなうことが肝要である。水に浸ける前に籾を拡げて一日半ほど干して、虫喰い籾と

ひ出し(2)　つと又は俵などに入　餘りつよく無之様ニ餘多所なわニて結　流水をせき　留木を立　横ふちを結　種子俵を中途に有様ニさげ　こもをかづけて　かし置也　水中ニて上下もなき様ニ　取直し置也　可蒔日限ハ定なく　もゑ出候時分を能見合候也　寒気いまだ有之内　はやかしの時ハ　大形十二三日之内ニももへ出べく　油断有之間敷也

一もへ出候時分ニ　洗て取上ゲ　俵の上こもニて能巻其上ニも莚などをかづけ　一夜置候得バ　もへ出也夫ニてももへ出かね候ハバ　翌日庭ニ木竹など貳本ならべ　其上ニ俵を置(3)　壹日半日ニ干事可然也　干様ハ四方日ニ當リ候様ニ　幾度も取直〳〵干也

一苗床入念拵　苗草をむらなき様ニひろげ　足にて踏ざる様ニ　手ニてそろ〳〵おし込也　其上ニどろの壹寸も懸候様かきかぶせ　水すミ次第蒔也　すまざる内蒔候へバ　種子のむら蒔不見得候故　悪し　蒔様ハ　早稲ハ壹歩半ニ種子壹舛蒔也　近郷こあへつるほどの類ハ　右より少うすく蒔てよし　蒔候て三日目ニは　ミ

不稔籾をとり除いた後、袋か俵に入れて、上部を縄で適度な強さで縛り、流水を堰き止めて、杭を打ち込み、杭の間を縄で結び、その縄の中央に籾が入った俵を括《くく》りつけ、その上に菰《こも》を被せて浸種する。俵の上下を時々入れ替える。籾を蒔く日は決まっていないので、発芽する日を適切に見極めることが肝要である。まだ寒気が残っているうちに発芽させる場合は、およそ一二～三日で発芽するので、気をつけなさい。

一発芽の気配を感じたら、籾を洗って流水からとり上げ、俵の上を菰《こも》でしっかり巻き、その上を莚《むしろ》などで覆《おお》って、一夜置けば発芽する。もし発芽しない場合は、次の日に庭に木か竹を二本並べ、その上に籾俵を置いて、一日か半日干せばよい。干す要領は、いずれの籾にも太陽光がよく当たるように、籾俵を幾度も動かしつつ干せばよい。

一苗代田の苗床は入念に拵《こしら》えて、田面に小さい草をむらなく拡げて、その草を足で踏まないように気をつけながら、手で丁寧に土の中へ押し込む。その上に泥を一寸ほど覆った後、水が澄んだら、すぐに籾を蒔く。水が澄まないうちに籾を蒔くと、籾を不均等に蒔いてもわからないので、よくない。播種量は、早稲は一歩半に一升である。土が肥沃な田では、それより少し薄く蒔けばよい。播種後三日後に、「みなし」と称する、落水して（田面を）一日干す作業をおこなう。その後、

なしとて水を落し　壹日も干也　夫より作人見合を以間ニも干　又すゞめかくれの時分ニ干　其後水浅ク包置　稲葉を付ル也　また霜ふりの所ハ　霜打からさぬ様ニ　夜ハ苗の水中ニ有様ニふか水に包　日出より浅ク包事も有ル

一山土を入候へバ　猶よし　口傳　早稲種子蒔時分少はやくして　蒔代草不出事有　左様之所ハ前以考　打起くれ返しくれ切まで仕　眞ごへ小便などを悪水ニてのべ　村なき様ニふりて　干付すき崩シよミ立　種子を蒔也　如此して苗代草不入　苗する事も有　其時ハ水を落　夕かげニ小便をふり　幾度もそのごとく仕候へバ　かしき入たる蒔ニ替る事なし

一苗植之日限は　早稲ハ蒔て大形五十日程ニ植付　中稲晩稲ハ五十七八日六十日程ニ可植　中稲晩稲植前ニ若早稲の壹番草本かきの時分後ニ成候へバ　先早稲の本かきをすべし　中稲晩稲ハ三四日又七八日後ニても不苦也　赤物ハ蒔て卅日程して可植也

一早稲ハ常より十五日早ク植ル　夫より貳番三番ものハ

作業する人の都合で、時々干す。また、スズメが隠れることができるほどに苗が生長した時に、（田面を）干す。干した後、浅く湛水すれば、稲の葉数が増える。また、霜が降りる所では、霜枯れしないように、夜間は深く湛水して、苗が水に浸かるようにする。日の出後に浅く湛水する場合もある。

一（苗代田へ）山土を客土すれば、さらによいと聞いている。早稲の籾を蒔く日がやや早いと、苗代に敷き込む草がないことがある。そんな場所は前もって考えて、耕起と砕土をおこない、（腐熟した）人糞と小便を汚水で薄めた肥料をむらがないように撒いて、干して砕土して均《なら》してから、籾を蒔く。このように、苗代へ草を敷き込まずに苗を育てる場合もある。その場合は、（苗代田の）水を落して夕方に小便を撒くことを繰り返せば、刈敷《かりしき》（草木肥）を施用するのと同じ効果がある。

一田植する日は、早稲は播種後およそ五〇日目ほど、中稲と晩稲は五七～六〇日目ほどが適切である。中稲と晩稲の田植と早稲の一番除草作業の日が重なる場合は、早稲の除草作業から先におこないなさい。中稲と晩稲の田植は三～四日、また七～八日遅れても構わない。赤米は籾を蒔いた日から三〇日ほど後に田植しなさい。

一早稲は中稲より一五日早く田植する。その後の田植は、（本田の）除草作業が順調に進むように手配して、作

本かきのめぐり能様手廻之考を以　作人共見合　最前苗かし候様植付候へバ　本かきの勝手能也　是ハ口傳

田植付水加減の事

一苗を植付　三日はふか水包　夫より水壹寸程も包置也左候て水の内に成程ニ泡むくの立かげんよし　但　是は　うすうへの田の事也

一右壹寸水ニ包置候得バ　子出候て本増也　左候て本増も大形能しと思ふ時分能見合　水を三寸程も深ク包候子計に勢気を取候へバ　實入悪故　子をとまらせべき為也　終迄水深キハ荒ク　尤見合可有　口傳

一苗かげん第一也　苗の節立候得ば悪敷候　若苗も悪く出ルもの也　よがミニて立のなへも　腰折なへとて雨風ニ打折也　苗長キとて深クさし込あしく候　能々苗の植かげんを見合取事題目也　小しやうなへよし

一苗を取時は　小苗とて少ヅツ引分取也　取候振不痛様に取　土を能洗おとし　あらく取事有間敷也

業者の人数を勘案し、田植の直前に苗を取る手順で植えると、除草作業を楽におこなえると聞いている。

田植後の水加減

一田植後の三日間は深水にする。その後は一寸ほどの深さにする。この要領で水を入れておけば、苗はよく生育する。ただし、これは疎植する田の場合である。

一水深を一寸にすると、脇芽が出て一株当りの本数が増える。こうしておいて、ほぼ適切な一株当り本数になった頃を見計らって、三寸ほどの深さになるように水を入れる。これは、脇芽の数に気をとられると実入りが悪くなるので、脇芽を適度な数に抑えるための作業である。長期間深水にしておくのはよくないので、適度に調整すればよいと聞いている。

一苗の育ちを注意深く見守りなさい。苗に節ができるのはよくない。新芽の出もよくない。ゆがんで出る「腰折れ苗」と称される苗は、雨風に遭えば株が折れる。(田植の時)丈が長い苗でも、土に深く差し込まないようにしなさい。苗の姿をよく見極めて、(苗代田から)抜きとることが肝要である。小型の苗のほうがよい。

一苗代田で苗を抜く時は、少量ずつに分けてとる「小苗」と称する方式で抜きとりなさい。苗を傷めないように気遣って抜きとり、根を洗って土をよく落としな

一くるのしやうふ苗悪シ　春田牟田ならバよし　惣て苗ふかく植る事あしく候

打起之事

一田を打起ハ正月中ニ可然　若寒深の在所ハ水包難成候ハバ　二月十五日の中打起べし　眞土田牟田ニてもよし　成程干て可置也

一打起ハ秋作打起　春ニ成候ハバ　十日通ニくれ返し手の及次第仕置候へバ　かしき五十駄入候よりハ卅駄入候ても　右のごとくの拵様ニて候ハバ　田地之出来能候也

干田すき分様の事

一くれ返の時分を能見合　一返すきて其次もくれを上候重　又次を打起　其次くれに重置候得バ　あひに溝明候を干置　又重たるくれを重ねながら深ク打起　前の

さい。苗を手荒く抜きとってはいけない。

一ショウブのような大苗を植えてはいけない。一毛作田と強湿田であれば、ショウブ苗でもよい。総じて苗を土に深く差し込むのはよくない。

耕起作業

一田の耕起作業は正月中におこないなさい。寒気が強い場所では、湛水するのが難しければ、二月一五日頃に耕起しなさい。壌土の田も強湿田も（耕起の日程は）同じである。できるだけ土を乾かしておきなさい。

一田の耕起は秋におこないなさい。春になったら一〇日ほどかけて土を反転し、都合のつく範囲内で作業しておけば、草木肥を五〇駄施用する田でも、三〇駄施用するだけで稲はよく育つ。

田の水を落して耕起する方法

一耕起する時期をよく見極めて、土を一度反転した後、もう一度土を起こして、（先に）反転した土の上に載せておき、その作業の合間に掘った溝を干して、さらに起こした土を重ね上げつつ深く耕起し、前日に掘って日に当てた溝の上に土を置けば、耕起した所に日が

日にあたりたる溝の上に置き候へバ　其跡また日に當り　左候てくれ切仕候て　眞こへ小便を悪水ニてのべ合ふり候て　日に干付　又切返し候へバ　上下共能干故　ほら〳〵と崩安し　是を馬鍬にてよミ崩　夫より水を包置　植代をよミ候なり　又右のふりこへの時よミ立てもよし　仕様ハ同断　但　干田は　若時雨ふりたまり候ても　くミ取可然也

一水田ハ冬水までも包置　打起あらくれよミ立　又中しろよミして少間を置　土を能ねまらせ候て植代よミかしきも入　こへもふりて植る　惣てよミ拵成程入念土の細ニ砕て　田の土平等成がよし

一牟田はひら作ニして　水を溜てどろもながすニまき込してよし

一惣て田は　上くるをふか〳〵と打　よミ立候時　下くるの土上ぐるが行替候事よし

一水は　年中水の自由不成所ハ[4]　又々水までもつゝミ置候よし

当たる。この手順で土を反転する作業をおこない、（腐熟した）人糞と小便を汚水で薄めて施用し、日に曝《さら》して干し、さらに土を反転させれば、上下の土がよく乾くので、土が砕けやすくなる。この状態で馬鍬をかけて表面を均《なら》す。それから水を入れて、田の表面を十分に均す。また、肥料を施用する時に土を均してもよい。土を均す方法は一緒である。ただし、水を落しておいた田に、思いがけなく雨が降って水が溜まったら、（再度）水を落してから耕起作業をおこないなさい。

一湿田は冬期は湛水しておく。耕起と砕土と均しをおこない、さらに砕土と均しをした後、少し日を置いて、土が十分に腐熟したら均して、草木肥を施用し、下肥《しもごえ》も施用してから田植する。総じて均し作業は入念におこない、土を細かく砕いて田を平らにすればよい。

一強湿田は直蒔きして、水を溜めて泥も一緒に入れて、播種すればよい。

一総じて、田は上層の耕土を深く耕起して、土を均す時に下層の耕土と入れ替えればよい。

一灌漑用水が年中足りない田では、耕起後は田に水を溜めた状態にしておけばよい。

上田中田下田ニ苗分の事

一上田三筋取て九寸間　中田四筋取て八寸間　下田五筋取て六寸七寸間
右のごとく大体植候て可然也　乍去所ニより地方の位を見合可植也　惣て筋すくなく植てよし

田の本かきの事

一植付候て十三四日目に一番かき仕　それより十三四日廻ニ三四番草本かき返がよし　一番かきの時よりふかくかき候へバ　地もすわらず草もうせ候　貳番かきよりハ彌深ク振をかき切なり　かき様ハ村なき様ニ四方共ニかき廻ス　然ば苗も彌すゝミ草もはへず候　草過分ニおやし候時ハ　壹人ニて壹畝半も可取　十三四日廻ニ本かき草取候得バ　壹反もかき可申候　然バ手隙過分ニ減ジ手廻能　尤田の出来も各別よし　若草かきつめの痛候ハゞ　今年生の竹を切て　かひこのまひを

上田・中田・下田の（田植時の）株間

一上田は九寸間隔で（一株当り）三本植え、中田は八寸間隔で四本植え、下田は六～七寸間隔で五本植える。この間隔と本数で植えれば大体よい。しかし、場所ごとに土地条件が異なるので、見計らって植えなさい。総じて（一株当り）本数を少なめに植えるのがよい。

田の除草作業

一田植後一三～四日目に一番除草をおこなう　それから一三～四日間隔で三～四番まで草をとればよい。一番除草の時から土を深く掻けば、土が浮いて雑草が生えない。二番除草以降は土をやや深く掻くようにしなさい。土を掻く要領は、稲株の周りを万遍なく掻き回せばよい。そうすれば、苗が丈夫に育ち、雑草が生えない。雑草が生い茂っていると、一人で除草できる面積は一畝半ほどである。一三～四日ごとに除草すれば、（一人で）一反も除草できる。そうなれば手間がかからないので、作業が順調に進み、稲の育ちも格別よくなる。もし除草で（手の）指が痛くなった場合は、今年生えた竹を切り、蚕の繭を（横方向に）二つに切っ

貳ツニ切　指ニ差　其上ニ竹をさしてよし
一一番かきの時分ハ　かしきいまだ折ざるに　本かき仕候バ　苗かぶたをれやうなる時は　かしきの上ニ出有之候ハヾ(5)　手ニて能押込置候也

追ごへ仕様之事

一早稲追ごへハ　貳番草かく前よりよし　草茂り候田ハ二番草かきて後よし　中稲晩稲ハ二ケ月遅く出来ルもの故　貳番かきの考計ニてハ　追こへ早過ル事可有追ごへの勢気穂ニ可行考して　時分を能々見合　追ごへハ眞ごへならバ五荷を悪水ニて十五荷ニのべ合　柄杓ニて田の出来より見合ふる也。又天水田ハ水を出干てふる也
一追ごへふり候時ハ　水を引落干てふり　則水を包候也其ふり時ハ　夕かげニふり候也　たとえば貳反作り候内　壹反ハ悪敷　壹反ハ能候ハヾ　其能田ニ並候様ニ悪敷田折々見合　追ごへ本かき入念候へバ　能田と並

て、それを指に差し、その上に竹を差込めばよい。

一一番除草をおこなう頃は、（踏み込んだ）草木肥がまだ腐っていないので、稲株の周りの土を掻く作業の途中で稲株が倒れそうな場合、田の表面から出ている草木肥があれば、手で土の中にしっかり押し込めばよい。

追肥の施用法

一早稲の追肥は、二番除草の前から始めればよい。雑草が茂っている田の追肥は、二番除草後におこなえばよい。中稲と晩稲は早稲より二か月遅く成熟するので、二番除草前後に追肥すると、早すぎる場合がある。追肥の効果が稲穂に行くように気遣って、適切な時期に施用しなさい。追肥に（腐熟した）人糞を施用する場合は、人糞五荷を汚水で薄めて一五荷にして、稲の生育状況を見て、柄杓で田に振りかける。天水田は水を抜いて干してから、（薄めた人糞を）振りかける。

一追肥を施用する時は、田の水を抜いて田が乾いてから施用し、施用後に水を入れる。追肥は夕方に施用する。二反の田を作っていて、一反は悪田、一反は良田だとすれば、悪田の稲の育ちが良田の稲の育ちと同程度になるように、適切な時期を見て入念に追肥と除草をお

也　又壹反之内　半分悪敷所有之候ハヾ　水を干　悪敷所計こへを仕候へバ　一面ニ並也

一中干とて　植て四十四五日より五十四五日迄之間　依稲右日限中ニ見合干候也　ケ様之加減は　干わらざる様ニ　草履をふミ　田に入てしめらざる様ニなり　左候て壹日半又は両日もふり水包候て　夫より引落　本のごとく包置也

一丸立て大株ニ成候刻ハ　田ニ入事大ニ悪敷候　此時分ハ畔も不通と申事也　併ひへさらへ又ハ長キ草もはへ候ハヾ　そろ〳〵と田ニ入可取也

秋水落之事

一堅田ハ上穂の赤ミ候時分吉　牟田ハ夫より内ニ落てよし　穂のかふける比落候　また牟田や深田ハ　四方の端ニ小溝を堀通　水を落し候　其時稲かぶを壹通干て其次の稲かぶの間々ニ居置也　干置候とても少も痛ニ不成候　然ば溝筋之青苅もせず候て　勝手能也

こなえば、稲は良田と同じように育つ。面積が一反の田で、その半分が悪田の場合は、水を抜いて、稲の育ちが悪い場所だけに施肥すれば、全体の生育が揃う。

一田植後四四～五日から五四～五日後の間に、稲の生育具合に合わせて「中干」と称する作業をおこなう。中干する時の田の乾き具合は、土にひび割れが入らず、草履《ぞうり》を履いて田に入っても、草履が湿らない程度がよい。中干を一日半から二日おこなってから、田へ水を入れて、また中干した後、以前のように水を入れる。

一稲株が大きくなってから田に入るのは大変よくない。この時期は畔を通ってもいけないという。田稗や丈の長い雑草が生えていたら、慎重に田に入って、草をとりなさい。

秋の落水作業

一乾田は穂先が熟する頃に、田の水を抜けばよい。強湿田はその時期より前に水を抜けばよい。（強湿田では）穂が垂れる頃に水を抜く。また強湿田と耕土が厚い田では、田の中の端に小溝を掘り巡らして、水を抜く。その時（溝に近い）稲株一列を倒して、隣の稲株の間に置く。倒しても稲株は痛まない。溝筋の株を青刈りしなくて済むので、都合がよい。

苅調之事

一稲の穂にしやくすふき時分見合可有之候　青苅は悪敷候

一苅前ニ雨打つゞき降候ハヾ　雨降ニても苅候て　三にぎり程の本を　其わらの根ニて結び　竹や木を立　横ニも渡し　右の結たる稲を引またげて　掛置也　年中ニ心掛作出たる稲を雨降とてきりもすげ置おやし候儀言語同断ニ候　又右のごとく稲の本を結　根の方をひろげ立置候得バ　不干候ても能々可心付儀也

一秋田を苅跡に馬をつなぐ事　大禁也

一籠積仕様の事ハ　久敷可置と思ふこづミハ　田の畔のはたニ俣木を三本方畔の高さ程ニ見合打込　其一方は畔ニもたせ　ねだを渡し　其上ニ柴竹等の類を敷　こづミ置候得バ　鼠なども不付　又下を吹通しておもれずしてよし

刈りとり後の諸作業

一稲の穂が完熟した時を見計らって、刈りとりをおこないなさい。青刈りしてはいけない。

一稲刈前に雨が降り続いたら、降雨中に刈りとって、（両手で）三握りほどの量の稲株の下端に近い部分を藁幹で括《くく》り、（田の中に）竹や木を立てて、それらに横木を渡し、括った株を半分に引き分けて掛け干しする。手間をかけて育てた稲を、雨の中を刈りとって放置しておくと、（籾が）穂に着いた状態で発芽するので、決してそんなことをしてはいけない。また稲株の下部を括って、（稲株の）根側を拡げて地干しすれば、掛け干しほどは乾かないが、（適度に乾くので）心に留めておきなさい。

一稲刈後の田に馬を繋《つな》いでおくことは、絶対にしてはいけない。

一稲束を籠積《こづ》みする方法。刈りとった稲束を長期間積んでおきたい場合の籠積みは、田の畔の近くに俣木を三本（三角形に）打ち込み、その内の一本は畔際に打ち込んでから、俣木に横木を渡して、横木の上に柴や竹の類を敷いて稲束を積んでおけば、ネズミなどが（籾を）食べることがなく、（俣木の）下を風が通って湿気がつかないので、好都合である。

籾干様の事

一莚壹枚ニ籾四五舛の間　干てよし　多干候へバ　縦細々かき返候ても籾厚　村干有之(6)　米折候　籾干加減ハ　成程干過などいふ事なし　かき返〳〵　両三日も干て　かまげニ入　五六日も其上ニても置候へバ　日の気おれ合候て　摺(7)ても折米少もなし　干候て間もなく拵候へバ　折米過分ニ出来候て悪敷候　又干とてへり米もあまりなきもの也

一唐うすは　上のはハ堅木ニて　厚サ壹部半計ニしてやわらかにすれてよし

種子籾取様之事

一来年作職可致と思ふ程の種子賦致　田坪をふミきり其分を能實入候を置　雨降また朝露ニぬれたる時見合候へバ　赤玉入候稲見得候を　穂共ニ引抜除て　飛赤の米は籾の中長ク　又わらニても知候故　除之也　右

籾干しの方法

一莚一枚に四～五升ほどの量の籾を干せばよい。籾の量が多いと、丁寧に掻き混ぜても、不均等な干し方になって、米が割れる。籾干し作業で干し過ぎということはない。二～三日の間、籾を天地返しつつ干した後、叺《かます》に入れて、その後も五～六日干し続けると、陽気を吸収するので、籾摺り時の割れ米はまったくない。干した直後に籾摺りすると、割れ米が多く混じるのでよくない。また干すことで米の容量が減ることもほとんどない。

一（籾摺《す》りに使う）唐臼の上側の歯は堅木を使い、厚さを壱分半ほどにすれば、適度な具合に摺れる。

（来年蒔く）種籾の選び方

一来年作りたいと思う稲の種籾を選びとる方法。田に入ってよく稔っている穂を選ぶ。雨が降っている時か朝露で濡れている時に田に入り、赤米が混じっている稲の株は引き抜いて除く。赤米の籾は長径が長く、また稲株の姿でも見分けられるので、これはとり除く。残

残たる穂の中ニても　穂の下ぶしニ枝貳ツ以上さした
る穂を　種子ニ第一用也

種子籾こき様の事

一穂の半分より頭をこぎ落　種子とする　頭ニハ能實入
故也　本のからニは　實入あしき故也

種子籾格護置様の事

一火近キ所を忌故　空ニ上候ハゞ　表の家の空に上置よ
し

植稲過候を養生の事

一最前よりよミ拵四方又ハ早速もミゾを堀　其中ニもう
へ置てよし　いかにも間遠ニ植なり　其上ニても過候
ハバ　朝露を三四朝も落候へバ能候　其上ニも度々見

った穂の中でも、穂の下部が二つに分かれている穂を来年用の籾にすることが肝要である。

（来年蒔く）種籾を扱《こ》ぎとる方法

一穂の上側半分を扱《こ》ぎ落として（来年用の）種子にする。穂先のほうが実入りがよいからである。穂の下側半分の実入りは悪いからである。

（来年蒔く）種籾を保管する方法

一火の近くに置くとよくないので、天井がある家では、天井に置けばよい。

適期より遅く田植する方法とその後の管理法

一田植の前に土を均しておき、田の中の端四方に溝を掘り、溝の中へも苗を植えてもよい。できるだけ疎植にする。もっと田植の時期が遅かった場合は、三～四日続けて朝露を落とせば、よく育つ。さらに機会をみて

合田を干て葉よし

南山かけ田の事

一高麗早稲はしこ嶋稲の類　地をきらハぬ稲を植て吉
本かき入念度々仕　是も細々干て吉　又村の尻田のこ
へたるハ(8)　うす田ニ植置　節々干　本かき同断

そば田能事

一そば田は　七月植て十月頃に出来もの故、秋田を打起
地こやし候ニより　春ニなりて稲を植て出来也

わき水養生の事

一ミぞ下又ハ高き田の下りニて　水もりてわくもの也
秋田を上くるのかたをふかく打起　其土を切立置也
又惣様水わき候ハヾ　四方共ニ深ク切上候て置　春打

田の水を抜いて乾かせば、葉の育ちがよくなる。

南が山で日陰になる田の管理法

一「高麗早稲」や「はしこ嶋稲」など、どこでも育つ稲を植えればよい。除草を幾度も念入りにおこない、地干しを繰り返せばよい。また村でもっとも低い場所にある肥沃な田は、疎植にして、地干しと除草を繰り返しおこなえばよい。

蕎麦《そば》田の管理法

一蕎麦田は七月に（蕎麦の種を）蒔いて、一〇月頃に刈りとり、秋に耕起と施肥をおこなうので、春になって稲を植えると、育ちがよい。

湧き水の処理法

一水路より低い場所の田や棚田のもっとも低い場所の田は、地下水位が高くて水が湧き出る。秋の耕起時に、田の中の上流側を深く耕起して、起こした土を積み上げておく。田全体に水が湧き出る場合は、田の内端の

起すき立よミ立候得バ　別所之土上くるのかたニ行替り候故　是ニ植付候へバ吉　尤よミ立て後　四方のどろ土を中に鍬ニて切上　あぜはたはミぞ立候様する也　中ニも一通溝立候ハよし

例作仕様の事

一たとへバ田六舛蒔を六ツニわり　壹舛蒔ハ一度も草不取　壹舛蒔ハ一度草取候　壹舛蒔ハ二度草取　本かき候　壹舛蒔ハ三度草取　本かき候　壹舛蒔ハ四度草取　本かき候　壹舛蒔ハ五度草取　本かき候　追ごへも仕候

麦作之事

一時分ハ　田麦九月中旬頃より十月中旬迄　畠麦ハ十月中旬頃より十一月中旬迄　植仕廻可然候　上方ニても十月亥の子限ニて　末の亥の日迄仕廻候由也　此理ハ

四方すべてを深く掘り下げておき、春に耕起と均《なら》し作業をおこなえば、田の中の上流側にほかの場所から流れ込んだ土が被《かぶ》さるので、そこにも苗を植えればよい。ただし、均し作業後に（田の内端の）四方に溜まった泥土を、鍬を使って内側に掻き上げて、田の内端は溝にしなさい。田の中央部にも溝を一筋掘ればよい。

田の諸作業の集約度試験

一六升蒔きの面積の田を六等分したと仮定して、一升蒔きは一度も除草作業をしない。一升蒔きは一度除草する。一升蒔きは除草と田の土を掻き混ぜる作業を二度おこなう。一升蒔きは除草と田の土を掻き混ぜる作業を三度おこなう。一升蒔きは除草と田の土を掻き混ぜる作業を四度おこなう。一升蒔きは除草と土を掻き混ぜる作業を五度おこない、追肥もする。

麦の耕作技術

一種蒔きの時期は、水田裏作麦は九月中旬頃〜一〇月中旬、畑麦は一〇月中旬〜一一月中旬が適切である。上方でも一〇月の亥の子までには播種を終わらせるようである。その理由は、播種期が遅いと発芽率が低下し

おそ麦は植出様よハき故　霜降の所ハ　つきかね候ニよりて也(9)

一田麦のうねはゞ三尺程　鍬の頭より柄のすへ迄の尺ニて　大形三尺程有　是を尺として　うねも少中高くかまぼこなりニ　みぞはゞハ鍬通候程深く庭のわり土を切付　がんぎはゞハ壹尺程　麦ふとりまし候へバ鍬通兼候故　如斯にして吉

一田麦は　秋田を打返　こへをもとめて時分を待事　手廻よし　其田返様ハ　馬ニて四かへりすき　六かへりすきにして　すき立候うね猶よし　右のごとくすき立たる田を　又頓て打返　うねの土を馬鍬ニて堀くづしくれの細ニ砕候様入念拵　うねの横ニ鍬ニてがんぎを切立て　其切様ハうしろすざり也

一麦田は　四方ニ深クミぞを立　底のばんより下迄切付也　四方ニ溝立　成程深く堀上て吉　惣て底土を多上候へバ　麦田の為ニ吉　大せ町田ハ　中ニも溝壹筋堀てよし　是ハ雨降てもミぞ〳〵の水をひかせべき用也麦ハ惣て水をきろふゆへ　少ニても水気の有は　實入

て、霜が降りる場所では育ちにくいからである。

一水田裏作麦の畝幅《うねはば》は三尺ほどである。鍬の柄の上端から下端までの長さがおよそ三尺である。これを尺度にして、畝はやや高めの蒲鉾《かまぼこ》形に作り、溝は鍬の刃が通るほどの幅で深く掘り、蒔き筋の幅は一尺ほどにする。こうしておかないと、麦が生長すると鍬が通らなくなるので、この幅にすればよい。

一水田裏作麦は、秋に田を耕起し、施肥せずに適期を待つのが適切な手順である。耕起の方法は、馬に犂を引かせて四～六回土を起こしてから畝を作れば、なおよい。この手順で耕起した田をもう一度耕起し、馬鍬を使って畝の土を崩し、土が細かく砕けるように念を入れ、鍬を使って畝の（最高所の）横に蒔き筋を作る。蒔き筋は後退しながら作る。

一裏作で麦を作る田は、畔の内側の四周に深い溝を掘り、耕盤の下まで掘り下げる。溝はなるべく深く掘るのがよい。底土が上になるように天地返しすれば、田の性状がよくなる。大面積の田は、田の中央にも溝を一筋掘ればよい。これは降雨時に水をすみやかに流し去るための溝である。麦は水気を嫌うので、少しでも水気があると、収穫量が減る。

悪敷也

一はや麦は　がんぎの間に種子を下ニひねり　こへを上ニかづけ置也　左候て大形八合粒ヅツ　遅麦ハ拾壹貳三粒之間ひねる也　麦かぶ之間ハ　貳三寸程ニても可然　又は引續ケ候ても吉　右こへの上ニ　溝の土を左右よりうね半分ヅツ掛る也　溝の底土を掛候儀　草種子を可除用也　又遅麦ハ　こへを下ニ置　種子を上ニ蒔也　其時ハこへの土をふミ付候へバ　猶吉候と有

一早生麦は種子を土の中へ捻《ひね》り込むように蒔き筋に蒔いてから、その上に肥料を置く。一箇所におよそ八粒の種子を蒔く。晩生麦は一一～一三粒の種子を一箇所に蒔く。播種地点の間隔は、二～三寸でよい。また筋蒔きしてもよい。種子の上へ置いた肥料の上に、溝の土を左右からそれぞれ掛けて覆う。溝の底土を掛けるのは、雑草を生やさないための工夫である。また、晩生麦は肥料を置いた上へ種子を蒔く。そうする場合は、肥料を踏みつければ、なおよいらしい。

麦打手之事

一はりおへして三葉付候時分　がんぎの間を鍬通　又は熊手ニてはたをかく様も有　いづれも同断　土をやわらめべき為也　右熊手ハ　おんなわらんべなどの仕事也　左候て　其やわらめ土を　麦えもミかけ候　もミかけ候跡に　又ミぞより土をあげ置候て　猶吉

一せり入時分　土を過分ニもミ掛ル也　左候て中両日程も置候て　手を以上の土を落候　落様は　麦のしんの

麦の中耕技術

一芽が出て、葉が三枚着く頃、鍬を使って蒔き筋の間を打つか、熊手を使って畝間の表土を砕く作業をする。いずれも表土を柔らかくするための作業である。熊手を使う作業は女子供がおこなう。こうして柔らかくなった表土を、麦に寄せかける。土寄せした後、溝の土を削って掻き上げれば、さらによい。

一やや生長した時に、土を多めに振りかける。この作業の二日ほど後に、手で（畝の）上へ土を落とす。土を落とす場所は麦株の部分だけで、そこへ土をパラパラ

うへ計り　手ニてはら〳〵となで返也
一其後ミぞを見合　水少もたまらぬ様ニさらへ候　是ハ
水の能引落候様ニとの為也
一霜深キ所ハ　霜月初より正月迄之間　馬ふミ草か又は
夏草かなどを切置候麦の上に引かづけ候　霜の覆ニい
たし置也
一うねはたに草はへ候ハヾ　溝の左右を　鍬や鎌などニ
てほらけつりする也[10]
一追ごへハ　麦のつゝ立候時見合　不出来見ゆる其時
早ク仕懸ル也　追ごへ仕候様ハ　眞ごへ小便などを悪
水ニてのべ置　四五日も置　惣程くさり候時　麦の頭
より直ニ掛るなり
一小麦ハ　両度共ニもミかけをうすくする　からよハき
故也
一畠麦蒔時ハ[11]　畠を深く打也　がんぎを直ニ切通　種子
を村なき程ニひねりつゝけ　こへを其上ニ置て蒔　間
の土かづけ候　かづけ様ハ　熊手ニて左右ニ掛候様ニ
かづく也　後の手入旁田麦同断　但　遅麦ハ　こへを

振りかけるのである。

一その後、溝の状態を見て、水が少しも溜まらないように、溝を浚《さら》う。これは水を速《すみ》やかに流し出すための作業である。

一霜がよく降りる場所では、一一月〜正月の間に、馬屋で馬が踏んだ草か夏草を切っておいて、麦の上へ覆いかけて、霜除けにする。

一畝の端に雑草が生えたら、鍬か熊手を使って溝の左右を削りとる。

一追肥は、麦の株が上に向かって伸びる頃を見計らっておこない、不作になりそうな場合には、早めに施用する。追肥の施用法は、（腐熟した）人糞と小便を汚水で薄めて、四〜五日置き、十分に発酵させてから、麦株の上に直接かける。

一小麦は株が柔らかいので、（畝に）土を薄く振りかける作業を二度おこなう。

一麦を畑に蒔く時は、土を深く耕起する。蒔き筋をまっすぐに切って、種子を均等に筋蒔きし、その上に肥料を置く。（そして）蒔き筋の間の土を（蒔き筋に）寄せる。熊手を使って左右の蒔き筋へ土寄せする。その後の中耕技術は、水田裏作麦と同じである。ただし、

下ニ置也

（粟）

一粟生立二三寸ニ成候時分　一番打とて　植間を鍬を以浅ク打上ゲ下ニ返置　二三日もして粟を引草取なり　間引様ハ壹番間引か少も間引　少あつめニ残置　夫より次第ニ終ニハ　上畠ならバ長壹間之内に貳拾六本　其次ならバ卅本立置也

一粟五ツ葉六ツ葉ニ成候時　二番打深ク打て貳番葉を取　左候て七八葉ニ成候時分　からすきニて　植間を引候へバ　打立置たる中の土　左右の粟の根ニ懸りこへとなり　大きニうるほひと也　左候て十二三葉ニて穂生る　如此手入致候へバ　ミじかくして穂大きニ成　實入以之外吉[12]　粟は日照の年俄雨などの降たる時　出来能候と申事有　如斯中を打　土をかけなど仕候道理也

晩生麦は（蒔き筋へ）肥料を置いた上に種子を蒔く。

（粟の耕作技術）

一粟の芽が出て二～三寸に伸びた頃、「一番打」と称して、鍬を使って筋播きの株間を浅く打って、土の上下を入れ替えておき、二～三日後に粟の間引きと除草をおこなう。間引く要領は、一番間引きは控えめにして、少し厚めに残しておき、その後の間引きを経て、最終的には上畑の場合、長さ一間に二六本立て、次の等級の畑の場合、三〇本立てにする。

一粟の葉が五～六枚になったら、土を深く砕く二度目の中耕と間引きをおこなう。その後、葉が七～八枚になったら、唐犂を使って植え筋の間をすき返せば、土が左右の粟の根を覆って肥料になるので、かなり育ちがよくなる。こうして一二～三葉の頃に穂が出る。このように手入れをおこなえば、背丈が短い株に大きい穂が着き、収量が増えて都合がよい。粟は日照りで俄雨《にわかあめ》などが降る年によくできるとされている。したがって、株間を中耕して土を被せる作業は、道理にかなっている。

粟草取候と中打と損得の事

一常のごとく　惣様手ニて取候へバ　壹人ニて漸貳舛蒔程も取也　又植間ニ鍬を通　粟の中計草を取　間引候へバ　壹人ニて四五舛蒔ハ心易取也　貳番草ハ常のごとく取候得ば　六七舛蒔取也　又一番中打ハ壹人ニて貳斗蒔　二番中打ハ壹人ニて壹斗蒔ハ打也　如斯夫手間過分ニ減　心易して出来能候へバ　心掛不仕事大きニ損也

一粟畠毎年粟作候得バ悪敷候間　一年ひへごま類を作候へバ　翌年ハ粟大出来也

一粟追ごへ　麦の追ごへ同断也

一粟麦等の畠作　近所遠方ニ作り候ハヾ　近所の畠にたとへバうぶごへ貳荷入候ハヾ　遠方の畠ニは三四荷も可入也　様子ハ　近所ハたとへ出来悪敷候ても　諸事手入追ごへ仕能候　遠方ハうぶこへ多入候ハヾ　不出来いたす事有間敷也　不出来候時追ごへいたらず　追ごへハ桶ごへゆへ(13)　馬などニて程難成　手廻あらき也

粟畑の除草と中耕作業の損得

一いつものように手で除草する場合は、一人でおよそ二升蒔ほどの面積はできる。また粟の株間を鍬を使って除草し、間引きをすれば、一人で四〜五升蒔は容易に作業できる。二番除草をいつもの要領でおこなえば、六〜七升蒔ほどの面積は作業できる。また一度目の中耕作業は一人で二斗蒔、二度目の中耕作業は一人で一斗蒔の面積できる。このように手間をかなり減らしても、（粟は）よくできるのだが、丹念に作業しないと、収穫量はかなり減る。

一畑で粟を連作してはいけない。一年目は稗か胡麻を作り、次の年に粟を作れば豊作になる。

一粟の追肥は麦の追肥と同じ要領でおこなう。

一粟や麦などを（屋敷から）近い畑と遠い畑で作る場合、近い畑へ基肥《もとごえ》を二荷施用するとすれば、遠い畑には三〜四荷施用しなさい。その理由は、近い畑では、作物の出来がよくない場合、手入れしたり追肥を施用すれば（作物の育ちは）回復するが、遠い畑は基肥を多量に施用しておけば、不作になることはないからである。（遠い畑の）作物の出来が悪い場合は、追肥を施用しても間にあわない。追肥は桶に入れて運ぶので、馬で運ぶのが難しくて、手間をかけられないからである。

依之遠方ハ後の考を以うぶごへ多入て得有　是作人第一の考也

したがって、遠い畑は作業の手順をよく考えて、基肥を大量に入れておけばよい。これは作業する人が必ず会得しておくべき技術である。

馬屋拵様の事

一馬の寒ニ不痛様ニ壁をして　馬屋の底を鍋底なりニ三尺程堀くぼめ　しびわらあらぬか類を一並ニ敷　其上ニごミ土を敷　又如前二段程ニ積替　それより上ハ九寸壹尺計ふかミ有様ニ馬をつなぎ置候得ば　ふミ草こへ小便ニふミひたし候　其上ニも庭の塵ごミ古草履迄も押入　其外庭ニはへたる草なども取入候得ば　惣て屋敷内もきれいニなり　其上こへも間なく満候時　底のこへ土ハ其儘置　あらごへ計りをかき出　こへ屋ニ入ル　右之こへ多候ハヾ　作人第一之たから成故　馬を野ニつなぐ事　大禁すべし

馬屋の作り方

一馬が寒さで健康を害しないように（馬屋を）壁で囲い、馬屋の底は三尺ほど鍋底型に掘り、古い藁と荒糠の類を敷きつめ、その上に芥土《ごみつち》を載せることを二度繰り返して、その上端から地表まで九寸～一尺ほどの深さがあるように敷いてから、馬を繋《つな》げば、踏み草と（馬が排泄した）大便と小便を（馬が）踏む。その他、庭の芥《ごみ》や古草履《ぞうり》の類を入れ、庭に生える雑草なども入れると、屋敷の中が綺麗になり、厩肥《きゅうひ》もほどなく満杯になる。底の肥沃な土はそのまま置いておき、（表層の）粗悪な肥料だけを掻き出して、肥料小屋へ入れる。この肥料が大量にあれば、農家にとってもっとも大切な宝なので、馬を野外に繋ぐことは絶対に禁止すべきである。

馬屋底のごミ土取事

一馬屋底に埋置候ごミ土　一年ニ三度入替ル　先春は實植ものうへ用へ取　夏ハ粟用ニ取　九十月ハ麦植用ニ取　如斯取候時ハ　如前之わら類を敷　ごミ土出来也　段々ニ入替置也　右之通切出候刻よう〳〵こへしゆまざる所候ハバ　其分ハ中ニ切入　能しゆミ候所計可取　右取上候ごミ土は　其儘ニても能こへ也　又作りごへなどニも仕候得バ　猶よし

糞屋仕掛様事

一馬壹疋持候者ハ　三敷壹間貳間か　貳疋ならバ三敷二三間　それより上ハ見合　大キ成程手廻能也　壁ハぬり壁よし　能むしかくすべき為也　扨こへの入様ハ木屋半分明候て　残り半分ニあらごへを壁涯にせり付眞角ニ上　平らにつむ也　脇と前ハ　こぐちを折まげ〳〵　四方のはしを少高き様ニ積候　高ク積上候とて

馬屋の底に溜まった芥土《ごみつち》をとる方法

一馬屋の底に埋め置いた芥土は、一年に三度入れ替える。まず春は果菜類を植える時の肥料に使うためにとり出し、夏は粟の肥料にするためにとり出し、九～一〇月は麦の播種時にとり出す。とり出したら、前と同様に藁を敷けば芥土ができる。こうして肥料の素材を入れ替える。この要領で馬屋肥をとり出す時に、腐熟していない部分があれば、それはもとの所へ戻し、腐熟したものだけをとり出す。こうしてとり出した芥土は、そのまま施用しても、よい肥料になる。また、他の肥料と混ぜて施用すれば、さらに効果が高くなる。

肥料小屋の作り方

一馬を一匹飼っている者は（肥料小屋の）三方を一～二間ほどの幅に作り、馬を二匹飼っている者は縦横を二～三間ほどの幅に作り、飼っている馬の数が多い場合は適切な規模に作ればよい。（肥料小屋は）大きいほど使い勝手がよい。壁は塗り壁がよい。発酵の進みを早めるためである。さて、肥料素材の入れ方は、建物の半分には何も入れずに、残り半分の壁際に肥料の素材を四角形に積み上げる。端と前は小枝を折曲げて端の部分が少し高くなるように積む。高く積み上げよう

上ニあがりふミ付る事悪シ　かたまりてむしきれず候高ク候て下より難成候ハバ　留て引ながむる也　引候て上ニ悪水を掛候へバ　能むし切レ　又あらごへ積入候時　間々ニごミ土を入候へバ　猶以よし

一あらごへ能むし切レ候時　作ごへニいたし様ハ　右むし切候を　片口より切立　こへやめ中　一方の明地の方ニ

一馬糞壹尺計　但　蒸切ざる所も候ハバ　其分ハ中ニ積入　はら〱よく蒸切候を　可積也

一ごミ土一貳寸程　但　馬ふんの上ニ　引ながむる也

一眞糞小便をのべ合　右之上ニ　村なき様ニ能ふる也

右三品を以仕立　段々桁迄も作立置也　入用の時　片口より切崩シ　田畠ニ用也　殊之外宜て　常の馬ふん二俵持候者ハ　四俵も為也[14]

一春物植用の作ごへ

一馬ふん　高さ五寸位蒸切候を

一ごミ土　高サ貳寸程　但　此上ニ灰をひろげ候へバ猶よし

と、肥料の上に乗って足で踏みつけてはいけない。肥料が固まって発酵の程度が不揃いになる。積み上げた肥料の背丈が高くなって、掻き上げるのが難しい場合は、積むのを止めて拡げておく。拡げて汚水を掛けると、よく発酵する。また、（肥料小屋に）肥料の素材を積入れる時、合間に芥土《ごみつち》を挟めば、さらによい肥料ができる。

一肥料の素材が十分に発酵した時の肥料作りの要領。発酵した肥料を積んである片方から崩して、肥料を積んでない所で、（次に記述する手順で肥料作りの作業をおこなう。）

一馬糞を一尺ほど積む。ただし、発酵が進んでいない部分があれば、それは中に戻して、十分に発酵してほぐれた馬糞を積み上げればよい。

一芥土《ごみつち》を一～二寸ほど積む。ただし、馬糞の上に拡げて積む。

一（腐熟した）人糞と小便を掻き混ぜて、馬糞と芥土《ごみつち》の上にむらなく注ぎかける。

肥料はこれら三種類の素材を使って、小屋の屋根の桁《けた》に届くまで積み上げる。使う時には、片方から切崩して、田畑に施用する。じつに効能が高い肥料であり、馬糞二俵を持つ人は四俵の肥料が作れる。

一春に播種する作物に施用する肥料の作り方

一十分に発酵した馬糞を高さ五寸ほど。

一芥土《ごみつち》を高さ二寸ほど。ただし、その上に灰を拡げると肥効が高まる。

一眞ごへ小便をのべ合　上にふる也
右三品を　段々ニ作立　春物植用ニする也　春物は實うへ野稲ひへ黍夏粟等の植もの故　成程こへもこまやかなるにしかじ　此故ニごミ土勝ニ作也

小便溜の事

一小便溜の事　屋しき壹ケ所ニ三所程ニ可然也　内壹ツハ城戸口邊　是ハ出入人之用也　壹ツハ表の口の邊是は客入用也　壹ツハ座所之口路地口邊　是ハ其家内の用　いづれも上屋を廣く可作　就夫家内用ハ桶也大キニ拵　上屋を高く内ニ入候て　雨降ニも不障様尤桶ハ地並よりひきくうづミ　底水なども用也　前にミじかき樋を仕掛可置也　小便之外ニも　髮洗の油汁衣裳の洗汁しそ気の汁鹽汁魚のわた並汁迄　其外野菜の切はし迄も入置候得バ　さん〴〵に折切　是をたんとたくわへ置也　眞ごへの入用の刻　一荷汲取候ハヾ跡ニ此小便を一荷入　二荷取候ハヾ　小便貳荷入置候

一（腐熟した）人糞と小便を掻き混ぜて、その上に注ぎかける。

右の三種類の肥料素材を段々に積み上げておいて、春に播種する作物の肥料に使う。春に播種する作物は、直蒔《じきまき》陸稲・稗・黍・夏粟などなので、細かく気遣って肥料を施用すればよい。芥土《ごみつち》は多めに作っておきなさい。

小便溜の作り方

一小便溜はひとつの屋敷内に三箇所設置すべきである。一箇所は屋敷の入口辺《あたり》で、これは出入りする人が使う。一箇所は表口辺で、これは客が使う。一箇所は居間の端や路地の端辺で、その家の人が使う。いずれも大屋根をつけなさい。家族が使う小便壺は桶である。大きい桶を使い、屋根を高く作り、雨が降っている時も使えるようにしなさい。桶は地表面より低くなるように埋め、地下水が入り込めるようにする。（桶の）前に丈の短い樋《とい》を掛けておきなさい。小便のほかにも、洗髪に使った油汁・衣類の洗い汁・精油の汁・塩汁・魚の腸《はらわた》汁のほか、野菜の切れ端なども細かく切って入れて、大量に貯えておく。（腐熟した）人糞を（肥壺から）汲みとる時に、一荷汲みとったら、（肥壺へ）この小便を一荷入れ、二荷汲みとったら、小便を二荷入れると好都合である。

得ば　不障也

悪水溜の事

一湯殿の下ニ大桶をうづミ置　行水洗足のあか汁其外も雑水をたくわへ置候へば　のべごへの時　一役ニ立也　尤湯殿の床竹の少ふときを以押巻様ニ拵敷置候て　悪水入用の刻　片口よりおし巻明候てくミ取事　勝手能也

のべごへの事

一追ごへ用などニ　眞ごへを悪水ニてのべ候ハヾ　眞ごへ一荷ならバ　悪水四五荷ニてのべ合　五六日も置候へバ　惣様くさり候て　眞ごへのごとく成也　追ごへいたす其日のべ候事悪敷也　惣て眞ごへ無之在所ハ⑮ケ様色々作ごへのべごへ不仕候へバ　耕作難成不出来の本也　然ば小便溜悪水溜こへ屋　大キ石掛作置　若

汚水溜の作り方

一風呂場の下に大きい桶を埋め置いて、行水と足洗に使った水などの汚水を溜めておけば、肥料を薄めるのに使える。風呂場の床に敷く竹は、やや太い竹を（紐で）編んで並べ、汚水が必要な時に、（並べた竹を）片方から巻きあげて（床下の桶から）汲みとれば、汲みとり作業は容易にできる。

水を加えて薄める肥料

一追肥用に（腐熟した）人糞を汚水で薄める場合、人糞一荷を汚水四～五荷の割合で薄めて五～六日置けば、完全に腐熟して、人糞と同じような姿になる。追肥する日に薄めてはいけない。（腐熟した）人糞が入手できない所では、様々な種類の肥料を作り、薄めて使わないと、作物の生育が悪い原因になる。したがって、小便溜・汚水溜・肥料小屋は、大きい石で垣根を作り、肥料が少しも漏れないように気を遣うべきである。

ももらさずたくわへざるハ　ふかんの至也

芝ごへ作様の事

一天気能時分　我思ひ程うすく打起　うへしたに打返干置　其後馬ニも付　又我も持　直ニ畠の邊に成共　居屋しき迄ニても　勝手能所え持届候て

一干野芝　高サ貳尺計　但　廣さ見合次第　眞角ニ積也

一馬ふん　高さ六寸計　但　能蒸切候を

右貳通を以　段々作立　頭は家なりニむね上ゲたる積上ゲ　其上ハ芝の外に向様ニ積置也　是ハ雨降ても水の走様ニとの義也　如斯作立　田畠共ニ用　中ニも牟田ニ用て大キに吉

ごミ土取様の事

一城戸口邊などさがりめ　又小路(16)のさがりめなどニ　道

芝土肥の作り方

一天気がよい日に、自分の判断で浅く耕起して、（起こした）芝土を上下に打ち返して干しておき、その後、馬の背に乗せ、また自分も背負って、作業しやすいように、畑の縁に置くか、屋敷へ持ち帰って、

一干した芝土　高さ二尺ほど　広さは適度にして、四角形に積む

一馬糞　高さ六寸ほど　十分に腐熟したもの

この二種類を交互に積んで、家屋の棟の高さまで積み重ねて、頂部は芝土の草が外向きになるように積み置く。これは降った雨の流下を早める工夫である。この要領で（芝土肥を）作り、田畑ともに施用する。とりわけ強湿田に施用すれば、施肥効果が大きい。

芥土《ごみつち》の採取法

一屋敷の入口辺の低い所や小道脇の低い所で、往来の邪

の障ニ不成様　きし涯ニ付て堀を堀　雨降ニ萬ごミ土を流込候様構へ[17]　雨降ごミ積刻堀土能干立　其邊ニても　又屋敷ニ成共積立置　雨露などの不掛様ニ上屋を能いたし置　追ごへの時分用也
一道の邊ニ小溝などに流込たる[18]ごミ土たまりたるを　心がけ堀上ゲ干立　右同断
一悪水ハしりのどろを堀上ゲ干立　右同断

たていわしこへ用様の事

一用様　品々有　先干たるを其儘切て田ニ入候ハバ　大躰の程頭のいわしハ　壹ツを四五ツ程ニ切　壹歩ニいわし五ツ程を　中打の時蒔ちらして　則常のごとくよミ立候吉
一いわしを作ごへニ交て用様は　眞ごへの代ニ馬ふんの上ニ積たるごミ土とひろげ　常のごとく段々作立候へばよし
一いわしを粉にして用様ハ　縦ばいわし壹舛ハ拾一二有

魔にならない場所の端に溝を掘り、汚物が流れ込むようにしておき、降雨後に芥《ごみ》が溜まって、芥土《ごみつち》が十分に乾いたら、そこの脇か屋敷内の雨露避けの屋根がある所に積み上げておき、追肥に使う。

一道路脇の小溝などに芥《ごみ》が流れ込んで溜まったら、掘り上げてよく干してから、追肥に使う。

一汚水は水尻《みなじり》に溜まった泥を掘り上げてよく干してから、追肥に使う。

干鰯《ほしか》の施用法

一施用法は様々ある。干鰯を切って田に施用する場合は、普通の大きさの干鰯であれば、一匹を四～五ほどに切り分けて、面積一歩当り五匹ほどを砕土作業の時に撒き散らしてから、いつものように土を均せばよい。

一干鰯と他の肥料を混ぜて施用する場合は、(腐熟した)人糞の代りに馬糞を敷き、その上へ干鰯と芥土《ごみつち》を混ぜた肥料を置いて、交互に積み上げる手順で作ればよい。

一干鰯を粉にして施用する場合、一升分の干鰯の数は一一～一二匹、一石分では千百～二百匹であり、これを

壹石は千一貳百也　是を粉ニして四斗程ニ成　畠ニ用ル時は　其畠の土をかき合　種子を交て蒔也　右粉ハ壹せに五舛程入て可然也　田畠共ニ用吉　中ニも眞土に猶よし

萬のこへ用様の事

一砂地ニは　油之かすを入よし
一惣て地浅かた田ニは　かしきを入吉

苗代の事

一年内に打起　水を包置　春ニ成候ハヾ　よミて中打又よミ候て　粟がらを馬ニにふませて　それをうすくひろげてふミ込　其上ニ眞ごへを村なき様にふり候也
一粟がらハ　馬に能ふミひたさせたるを　小草を馬喰候得ば　ふんゆるむ　それふミひたしたる能候也
一粟がらは　籾壹舛蒔苗代ニ　壹わ計入候　但　是は

粉にすると四斗ほどの量になる。畑に施用する場合は、その畑の土に混ぜ合わせておいて、作物の種子を混ぜて施用する。干鰯の粉は一畝当り五升ほど施用すればよい。（干鰯は）田畑ともに効果が高い肥料であり、壌土に施用すれば、もっとも施肥効果が大きい。

様々な肥料の施用法

一砂地には油糟を施用すればよい。

一耕土が浅い乾田には、草木肥を施用すればよい。

苗代の作業と施肥法

一年末までに耕起して水を入れておき、春になったら均《なら》し作業と砕土作業、そして再度均し作業をおこない、（馬小屋で）馬に踏ませた粟幹《あわがら》を（苗代に）うすく拡げて（土中に）踏込み、さらに（腐熟した）人糞をむらなくかける。

一粟幹は（馬小屋で）馬によく踏ませておき、馬が雑多な草を食べると糞が柔らかくなるので、それをさらに踏ませればよい。

一粟幹は一升蒔きの苗代に一把ほど施用する。た

常の男一荷ゐひ申候持候片荷程よし

食物之段

一野菜を　壹人ニ六七合蒔程もあてがひ置　品々植置たる　年中の野菜可續事
一大根並こな色々
一芋がら並葉
右　其儘陰干ニても能候也
一わらび並わらびの穂迄
右　若わらびハ　取候て陰干ニする　穂はほとけざる時分すごき取　はいをまぶりて　日ニ干置也
一まいひの木の葉
一つきて
一つゞり木　但　磯つげの葉のごとく(19)　野ニ留
一くこの葉
一つわの葉
一うこぎ

だし、その量は普通の男が一荷担《にな》える量の半分を施用すればよい。

（農民の日常）食材の話

一（食用）野菜の種子の量を一人当り六〜七合ほどに想定して、多種類の野菜を育て、野菜が一年中食べられるように努めなさい。
一大根と多種類の葉菜類
一里芋の茎と葉　これはそのままでも、陰干しのいずれでもよい。
一わらびとわらびの穂　伸び始めのわらびは、採って陰干しにする。穂は未熟のうちに（表面の毛を）しごきとって、灰をまぶして日に干す。
一まいひの木の葉
一つきて
一つづり木　磯柘植《つげ》の葉と同様に野外に置く
一くこの葉
一つわの葉
一うこぎ
一榎《えのき》の葉

一ゑの木葉
右之外ニも　萬木の若め立を　春の時分取置　それを
蒸候て能洗ヒ　しなり日ニ干置也
一せり
一ふき
一よめな
一あかざ
一ひい葉
一おんばく
一なづな
右之品々　其外此類　常ニ菜飯ニも　野菜ニも用也
一大麦中春を　家内十人ニ壹舛　其儘粉ニして　前ニた
くわへ置たる野菜の類品々の内を澤山入　水多入候て
鹽ハ喰鹽ニ入　成程能かきまぜ〳〵　用也

麦かけの仕様の事

一家内十人ニハ　中春の大麦を壹舛貳合程　水を過分ニ

これらのほかにも、春のうちに多種類の樹木の新芽を摘んでおいて、蒸してよく洗い、しなってきたら日に干す。
一せり
一ふき
一よめな
一あかざ
一ひい葉
一おおばこ
一なずな
これらも含めて、野草は菜飯に入れたり、野菜として食べる。
一大麦を中春《ちゅうづき》して、家族一〇人に一升を粉に挽《ひ》き、貯えておいた野菜類を大量に入れて、大量の水に塩を加え、丹念に掻き混ぜて（野菜粥《かゆ》を）作る。

麦かけ粥の調理手順

一家族一〇人の場合、一升二合ほどの中春《ちゅうづき》大麦を大量の

入　成程煎立　どろ〴〵と成程煎候て　豆の葉などをこま〴〵と切入　鹽少入候てねり候得ば　上々のかゆ也　其時用

尾張餅調の事

一籾しいな[20]
一そばの實並葉迄
一きび成共
一ひゑ成共
一粟成共
一小米の類
一大麦
一小麦
右之内を以　二三色も有合物取合をいりて　こまかに粉ニして　あつき湯ニて其儘だんごにして　則火ニくべ　やき候て用也　晝めしニもよし

水に入れて、ドロドロの状態になるまで長時間煮てから、細かく刻んだ豆の葉などを加え、少量の塩を入れて掻き混ぜると、美味しい粥になる。できあがり次第食べる。

尾張餅の素材と調理手順

一不稔実籾
一蕎麦の実と葉
一黍
一稗
一粟
一砕け米
一大麦
一小麦
右の食材の中から、手元にある二〜三種類の食材を選んで煎り、細かい粉にして、熱い湯に入れ、（掻き混ぜて）ダンゴにしてから、すぐに火で炙《あぶ》って食べる。昼飯に食べても美味しい。

右書揚　天和三年亥七月の頃より同八月迄之間　禰寝殿菱刈殿汾陽殿相談之上　諸所作功入候者共ニ相糺作之　尤後年ニ至てハ　此上にも深議御坐候ハヾ　可書加之者也

（農民の日常食材に関する記述）

（末尾の数字は記述が原口翻刻本に記載されているページである）

一麦作之儀　第一飯料ニ相成之條　時分不後様可申付（一〇一頁）

一朝夕麁食を用候ハバ　縦凶年迚も差て之迫り無之　補飢助ニも可相成候條　自今以後　食事等　雑穀野菜類を相交　其外少之費無之様　可致省略事（一〇八頁）

一百姓之食物　常々雑穀を可用　八木ハみだりニ不食様可申聞事（一一二頁）

一百姓食物之儀　常に雑穀を用べし　八木みだりに不可食之（一一九頁）

右の書上げは、天和三亥年七月～八月の間に、禰寝《ねじめ》殿と菱刈《ひしかり》殿と汾陽《かわなみ》殿が相談されて、高い耕作技術を持つ人々に聴きとりして作成された。今後、これを上回る内容の技術があることがわかったら、加筆しなさい。

（農民の日常食材に関する記述）

一麦作について。麦は飯のもっとも重要な素材なので、耕作の時期を失わないよう指導しなさい。

一粗食を日常食べ慣れていると、凶年でも慌《あわ》てることがなく、飢えずに済むので、今後は雑穀と野菜類を混ぜた食事にしなさい。そのほか、何事にも無駄な出費がないように、簡素に暮らしなさい。

一農民は雑穀を主食材にしなさい。米を大量に食べないように、言い聞かせなさい。

一農民は雑穀を主食材にしなさい。米を大量に食べないようにしなさい。

一百姓之食物　常々雑穀を用べし　米猥に不食様ニ可仕事（一二一頁）

一農民は雑穀を主食材にしなさい。米を大量に食べないようにしなさい。

原口翻刻本原文語句

（1）浅田《ママ》　（2）いらをひ出し　（3）其上ニ表を置

（4）自由成所ハ　（5）上を上ニ出有之候ハヾ

（6）壹村干有之　（7）梢ても

（8）又打の尻田のこへたるは

（9）つかぬき候ニよりて也　（10）ほらげつかする也

（11）畠麦の時ハ　（12）實入以之多吉　（13）樋ごへゆへ

（14）二表持候者ハ　四表も為也　（15）其内のべ候事

（16）小路小便の　（17）洗込候様構へ　（18）洗込たる

（19）葉ごとく　（20）籾眞いな

解題

Ⅰ　翻刻に用いた底本について

第二部では、近世薩摩藩領の法令集である『列朝制度』の、巻之四に収録されている「農業」の項目と、薩摩藩領農民の日常食材について記述する五箇所を拾って、翻刻と現代語訳をおこなった。

藩法研究会編『島津家列朝制度』(原口虎雄翻刻『藩法集Ⅷ、鹿児島藩上』一九六九、創文社[1]、「巻之四農業」は一二三〜一三三頁) を底本に使い、鹿児島県立図書館本[2]と適宜対照した。

『藩法集Ⅷ、鹿児島藩上』の底本は都城《みやこのじょう》本である。鹿児島県立図書館本は「昭和十二年九月初旬以公爵島津家玉里出張所原書謄写之」(六五丁裏) と記述されているので、玉里本の写本である。『藩法集Ⅷ、鹿児島藩上』の解題によれば、玉里本は都城本の写本である。

両本ともに間違って記載していると筆者が判断した語句は、適切な語句に置き換え、都城本が記載する該当箇所の原文語句を、翻刻の末尾に列挙した。

薩摩藩領農民の日常食を記述する五箇所には、『藩法集Ⅷ、鹿児島藩上』の該当ページを記載した。

現代語訳は、筆者が四〇年ほどおこなってきた農書類の閲読経験と、四半世紀ほどの耕作体験にもとづいておこなった。

II　「『列朝制度』巻之四　農業」を翻刻・現代語訳した理由

「『列朝制度』巻之四　農業」の巻末に「右書揚　天和三年亥七月の頃より同八月迄之間　禰寝殿菱刈殿汾陽殿相談之上　諸所作功入候者共ニ相糺作之」（注1　一三三頁）との記述がある。すなわち「『列朝制度』巻之四　農業」は、禰寝清雄《ねじめきよかつ》と菱刈重敦《ひしかりしげあつ》と汾陽光東《かわみなみみつはる》の三人が、藩領内各地に住む農耕技術に詳しい人々からの聴きとりにもとづいて、天和三（一六八三）年に編集した項目である。記述内容から見て、聴きとりの対象になった人々は、「『列朝制度』巻之四　農業」が記述する諸技術を実践していたと、筆者は考える。

したがって、「『列朝制度』巻之四　農業」は支配する側が、「貢租を納める者の営農姿勢と耕作手順はこうあるべきだ」の視点からではなく、「こんな耕作法をおこなっている人がいます。皆さんもやってみませんか」の視点で編集した、営農の雛形書である。

ただし、自らの営農経験を記述した「農書」ではなく、集めた情報の中から、営農指導の意図に沿う情報を三人の編集者たちが選んで編集した、「勧農書」である。

筆者は「『列朝制度』巻之四　農業」を閲読して、一七世紀後半の薩摩藩領における最高水準の営農技術を記述する資料だと感じた。また、翻刻と現代語訳の作業は、なるべく多くの人々に『列朝制度』「巻之四　農業」の記述内容が伝わることを願っておこなった。

「『列朝制度』巻之四　農業」を編集した島津家官僚三人の出自と履歴は、原口虎雄が『農業法』(3)の解題に記述している（二六八～二七〇頁）。筆者はこれに加える情報を持たないので、原口の解題をご覧いただきたい。

Ⅲ　「『列朝制度』巻之四　農業」の技術水準

「『列朝制度』巻之四　農業」が記述する農耕技術の内容は、具体的かつ適確であり、一七世紀後半の薩摩藩領で実際におこなわれていた先端技術が記載されており、三人の官僚はこの技術を規範として、領内の農民へ普及させるために編集したと考えられる。

「『列朝制度』巻之四　農業」が記述する農耕技術の水準は高く、三河国の『百姓伝記』（一六八一〜八三年）[4]や岩代国の『会津農書』（一六八四年）[5]など、同時期に他地域で著作された農書の技術と同じ水準である。

とりわけ、水田稲作に関わる諸作業の手順と技術、農民の主な日常食材であった麦と粟の耕作技術、多種類の肥料を作る手順と施用技術は、詳細に記述されている。

次に、それらの概要を記述する。いずれの記述からも、一七世紀後半の薩摩藩領には、営農の規範になる最先端の農耕技術を実践する人々がいたことがわかる。なお、作業をおこなう日は太陽暦（グレゴリオ暦）に換算した日付で記載する。

①　水田稲作に関わる諸作業の手順と技術

早く成熟する穂先半分を、来年用の種籾にする。下部が二股に分かれている穂から採種する（58頁）。

三月中旬から四月初旬に、早稲、中稲、晩稲の順で籾を流水に浸け、発芽する前に流水からとり出して、筵《むしろ》を掛け、温度を上げて発芽させる（47〜48頁）。

苗代への播種量は、早稲は一歩半に一升（一畝当り二斗、『会津農書』は一畝当り一斗〜一斗八升）で、播種後は適宜水を落とし、霜害を受けそうな苗代は、夜間は深く湛水する（48～49頁）。

田の性状にもとづく呼称は、深田（耕土が厚い田）と眞土田（壌土の田）と堅田（乾田）と水田（湿田）と牟田（強湿田）が記述されており、水田（湿田）は冬期湛水しておく。いずれの田も耕土は深く起こす（47、51～52、55頁）。

田植は播種後五〇～六〇日（六月初旬～中旬）に丁寧におこなう（49頁）。一坪当り植付密度は、上田四四株、中田五六株、下田七三～百株で（53頁）、『百姓伝記』と『会津農書』と比べると、半数～四分の三ほどの疎植である。

肥料は基肥《もとごえ》に草木肥と腐熟した人糞と小便を施用し（51～52頁）、追肥は生育状況を見て、腐熟した人糞を汚水で薄めて施用する（54頁）。

除草は、一三～一四日間隔で、四番までおこなう。雑草が繁茂していない田では、一人一日当り一反歩除草する（53頁）。

田植後四四～五五日目に中干しをおこない、刈りとり前に水を落とす。強湿田と耕土が厚い田では溝を掘って水を落とす（55頁）。

完熟した稲を刈りとる。刈り株は掛け干しか地干しか籠積《こづ》みして乾燥させる。脱穀した籾は、筵に薄く拡げて二～三日干す（56～57頁）。

② 麦と粟の耕作技術

水田裏作で麦を作る場合、稲刈り後に犂を使って耕起し、砕土してから、田の内側の端に排水用の溝を掘る。一一月初旬前後に幅三尺ほどの蒲鉾型の畝を作って、一箇所に麦種八～一三粒ほどを二～三寸間隔で点蒔して、その上に肥料を置き、溝の土を左右から被《かぶ》せる（61〜62頁）。畑麦は一二月初旬前後に蒔く（60頁）。

麦の種子は、畝に満遍なく筋蒔または点蒔する。早生麦は種子の上に肥料を置き、晩生麦は肥料の上に種子を蒔いてから、左右の土を被せる（62頁）。

芽が出たら、熊手を使って畝間の土を畝に寄せる。霜害を受ける畑では一二〜二月の間、麦の上を刈草で覆う。田麦畑麦ともに畝際に雑草が生えてきたら、鍬か熊手を使って溝の左右を削り、畝に寄せかける（63頁）。

麦の育ちが悪い場合は、穂が出る頃に腐熟した人糞と小便を汚水で薄めておき、四〜五日後に麦株へ直接かける（63頁）。

粟種は筋蒔し、芽が出たら株間の中耕と除草と間引を数度おこない、一間に二六〜三〇本残るようにする。間引の時に犂を使って表土を反転すると、土が粟の株に被さって肥料になるので、背丈が低い株に大きい穂が着く（64頁）。

粟は稗か胡麻と二年輪作すれば、収量が多くなる（65頁）。また、粟は日照りで俄雨《にわかあめ》が多い年に豊作になる（64頁）。

粟の追肥の施用法は麦と同じであるが、屋敷から遠い畑は追肥を施用すると手間がかかるので、基肥を大量に施用しておけばよい（65〜66頁）。

ちなみに、『列朝制度』巻之四　農業」にはサツマイモに関する記述はない。一七世紀末は『列朝制度』巻之四　農業」の編集者たちもサツマイモの耕作技術に関する情報を持たない状況だったようである。

③　肥料を作る手順と施用法

馬を一匹飼う場合は、縦横一間二間ほどの広い馬屋を作り、底土を鍋底型に三尺ほど掘って藁や芥土《ごみつち》を敷き、馬が食べ残した草や大小便などと一緒に馬に踏ませれば厩肥ができるので、一年に三度運び出して、肥料小屋へ入れ、さらに発酵させてから、耕地に施用する。馬は肥料素材の供給源なので、野外で放牧してはいけない（66頁）。

肥料小屋は塗り壁にして、小屋の半分に、厩肥と芥土と人糞尿などの肥料の素材を交互に積み上げて発酵させる。使う時は片方から切崩して、耕地に施用する（67～68頁）。

屋根付きの小便溜を、屋敷の入り口と表口と屋敷内の三箇所に設置する。屋敷内の小便溜には大きい桶を埋め込み、小便のほかにも多様な肥料の素材を入れて、量を増やす（69頁）。

干した芝土と馬糞を交互に積み、発酵させてから耕地に施用する。この肥料は強湿田に施用すれば、効果が大きい（71頁）。

干鰯《ほしか》は一匹をいくつかに切り分けて、面積一歩に五匹ほどを撒き散らしてから、土で覆う。干鰯は馬糞と芥土を混ぜて施用してもよい。干鰯を粉にすると、千百～千二百匹ほどで四斗になるので、耕地に一畝当り五升ほど施用すれば、効果の高い肥料になる（72～73頁）。

Ⅳ　近世後半薩摩藩領の農耕技術水準の実状

『列朝制度』巻之四　農業」の営農技術は、一部の郷士による手作り経営[6]を除いて、薩摩藩領には普及せず、時代が下るにつれて、耕地はむしろ粗放的に使われるようになる。その理由を次に記述する。

薩摩藩領は貢租の賦課率が高く、農民は日常の食材にするために、畑で新来作物のサツマイモなどを作ったが、経営面積が適正規模を超えたために、労働力や肥料が足りなくなった。

また、不要な役職の設置や役人の回村数の増加による接待の負担などに加えて、櫨《はぜ》・楮《こうぞ》・漆《うるし》など、薩摩藩が専売する産物の生産を強制されて、藩領の農民は次第に疲弊していった。

『鹿児島県史　第二巻』[7]は、櫨を植えて実から蝋を絞ることを奨励したのは、「『列朝制度』巻之四　農業」の編集者の一人・禰寝清雄であったと記述している（五三一頁）。禰寝は薩摩藩領の農民の暮らしにゆとりをもたらす作物として櫨栽培を奨励したのであろうが、櫨栽培は農民に負担を累加させた。とりわけ、稲などの夏作物を収穫する繁忙期と、櫨の実の摘みとり期が重なって、適切な労働配分ができなくなったことが、農民を疲弊させた。

その実状は、郡奉行を勤めた久保平内左衛門が『諸郷栄労調』[8]（五一頁）に、大隅国高山《こうやま》郷士の伊東祐伴《すけとも》が『感傷雑記』[9]（五〇頁）に記述しているので、参照されたい。

これらの諸事実が組み合わさって、一九世紀には、鹿児島県の耕地利用度は一年一作の水準まで低下した。筆者の試算では、鹿児島県における一八八七（明治二〇）年の耕地利用率は一〇五％である[10]（表3）。

「『列朝制度』巻之四　農業」が奨励した農耕技術は、近世薩摩藩領には普及しなかった。これが本解題の結論である。

注

（1）石井良助編（一九六九）『藩法集Ⅷ　鹿児島藩上　島津家列朝制度』（原口虎雄翻刻）、創文社、九五五頁。
（2）筆写者未詳（一九三七）『列朝制度』（都城本）。「巻之四　農業」は三～六五丁。
（3）汾陽四郎兵衛（年代未詳）『農業法』（原口虎雄翻刻、一九八三、『日本農書全集』三四、農山漁村文化協会、二四三～二六三頁、同解題 二六四～二八七頁)。

(4) 著者未詳(一六八一～八三)『百姓伝記』(岡光夫翻刻、一九七九、『日本農書全集』一六、農山漁村文化協会、三～三三五頁。同一七、三～三三六頁)。

(5) 佐瀬与次右衛門(一六八四)『会津農書』(庄司吉之助翻刻、一九八二、『日本農書全集』一九、農山漁村文化協会、三～二一八頁)。

(6) 有薗正一郎(一九八五)「一九世紀中頃の農事記録にみる南九州の土地利用方式」『地理学評論』五八、七八九～八〇六頁。(有薗正一郎(一九八六)『近世農書の地理学的研究』第Ⅱ部第五章第一節所収、二四九～二七四頁)。

(7) 鹿児島県(一九四〇)『鹿児島県史　第二巻』鹿児島県、九四六頁。

(8) 久保平内左衛門(一七三〇年代?)『諸郷栄労調』(小野武夫『日本農民史料聚粋』九、一九四四、巌松堂書店、四九～六六頁)。

(9) 伊東祐伴(一八三〇年代?)『感傷雑記』(秀村選三翻刻、一九九三、『久留米大学比較文化研究所紀要』一四、一～七一頁)。

(10) 有薗正一郎(一九七五)「最近一世紀間の日本における耕地利用率の地域性に関する研究」『人文地理』二七、三三三～三四八頁。

あとがき

九月上旬にご近所から初物の栗が入った強飯《こわめし》をいただいたので、八〇歳台後半の母親に食べさせました。すると母親は、「こんカライモ飯ゃ美味《おい》しー」と鹿児島弁でつぶやきながら、二杯も食べました。これぞ薩摩藩領の農民。この本の結論です。

私は、近世～近代の薩摩藩領における耕作技術と農民の暮らしを明らかにする作業の出発点のつもりで、この本を刊行しました。したがって、明らかにすべき課題は山ほどあります。サツマイモ作が普及する前の農民の暮らしを明らかにすることも課題のひとつです。私と同じようなことに関心をお持ちの方がおられたら、互いに切磋琢磨しつつ、「老い」や「若さ」を楽しみましょう。

二〇一四年穀雨

この本の刊行をひきうけていただいた㈱あるむ取締役会長の川角信夫さんと、編集を担当された後藤和江さんに、心からお礼申し上げます。

索　引

［ア 行］
会津農書（あいづのうしょ）　13, 81
朝河貫一（あさかわかんいち）　11
伊東祐伴（いとうすけとも）　22
馬屋（うまや）　24
［カ 行］
家畜小屋（かちくごや）　24
枯木迫（かれきざこ）　31, 37
汾陽光東（かわみなみみつはる）　12, 80
汾陽四郎兵衛（かわみなみしろうべえ）　15
感傷雑記（かんしょうざっき）　22, 23
勧農書（かんのうしょ）　13
芳即正（かんばしのりまさ）　12
桐野利彦（きりのとしひこ）　12
空中写真（くうちゅうしゃしん）　31, 32
久保平内左衛門（くぼへいないざえもん）　22
耕作日記（こうさくにっき）　26
耕作萬之覚（こうさくよろずのおぼえ）　26
児玉實則（こだまさねのり）　26
［サ 行］
西遊雑記（さいゆうざっき）　18, 24, 32
サツマイモ　6, 14, 18, 28, 29, 31
薩藩経緯記（さっぱんけいいき）　22, 24
薩摩見聞記（さつまけんぶんき）　28
薩摩国滞在記（さつまのくにたいざいき）　28
佐藤信淵（さとうのぶひろ）　21, 24
地方書（じかたしょ）　15
シュワルツ　28
諸郷栄労調（しょごうえいろうしらべ）　22, 23
鈴木公（すずきただし）　12
西遊記（せいゆうき）　18
雑葉（ぞば）　26
村是（そんぜ）　29
［タ 行］
高山彦九郎（たかやまひこくろう）　20
橘南谿（たちばななんけい）　17
田麦（たむぎ）　14
地域差（ちいきさ）　11
地域性（ちいきせい）　10
筑紫日記（つくしにっき）　20
［ナ 行］
名越高朗（なごやたかあき）　26
彌寝清雄（ねじめきよかつ）　12, 80
農家家屋（のうかかおく）　24
農業法（のうぎょうほう）　15
農書（のうしょ）　15
［ハ 行］
原口虎雄（はらぐちとらお）　11, 12, 80
藩特産品（はんとくさんひん）　22
日枝ケ迫（ひえがざこ）　31, 38
菱刈重敦（ひしかりしげあつ）　12, 80
秀村選三（ひでむらせんぞう）　11
百姓伝記（ひゃくしょうでんき）　13, 81
肥料小屋（ひりょうごや）　14
古川古松軒（ふるかわこしょうけん）　24, 32
本富安四郎（ほんぷやすしろう）　28
［マ 行］
守屋舎人（もりやとねり）　26
［ラ 行］
リヒトホーフェン　23
『列朝制度』巻之四　農業（れっちょうせいどまきのよん　のうぎょう）　12, 14

【著者紹介】
有薗 正一郎（ありぞの しょういちろう）
1948年　鹿児島市生まれ
専門は地理学。近世の農書類が記述する農耕技術を通して、地域の性格を明らかにする作業を40年続けてきた。
現在、愛知大学文学部教授。文学博士（立命館大学）
【主な著書等】『近世農書の地理学的研究』（古今書院）、『在来農耕の地域研究』（古今書院）、『ヒガンバナが日本に来た道』（海青社）、『ヒガンバナの履歴書』（あるむ）、『近世東海地域の農耕技術』（岩田書院）、『農耕技術の歴史地理』（古今書院）、『近世庶民の日常食——百姓は米を食べられなかったか』（海青社）、『喰いもの恨み節』（あるむ）
【翻刻・現代語訳・解題】『農業時の栞』（日本農書全集40、農山漁村文化協会）、『江見農書』（あるむ）

本書は2014年度愛知大学学術図書出版助成金による刊行図書である。

薩摩藩領の農民に生活はなかったか

2014年8月2日　発行

著者＝有薗正一郎 ©

発行＝株式会社 あるむ
〒460-0012 名古屋市中区千代田3-1-12　第三記念橋ビル
Tel. 052-332-0861　Fax. 052-332-0862
http://www.arm-p.co.jp　E-mail: arm@a.email.ne.jp

印刷＝松西印刷　　製本＝中部製本

ISBN978-4-86333-086-3　C1061

【有薗正一郎／あるむ既刊書紹介】

喰いもの恨み節

■B6判　一八六頁　定価（本体一二〇〇円＋税）

終戦直後の食料難のなごりを体験しながら育った著者が、還暦をむかえて綴った庶民の食体験。喰うものがない時代から高度成長期を経て飽食の時代をつらぬき持続する「喰いもの」への恨みと感謝を吐露した農書研究者による〝痛怪〟エッセイ。

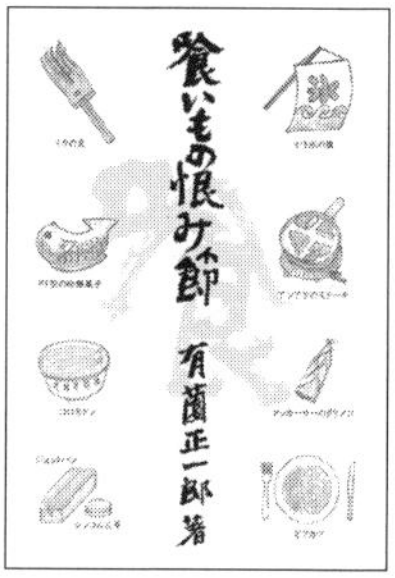

ヒガンバナの履歴書

愛知大学綜合郷土研究所ブックレット②

■A5判　六二頁　定価（本体八〇〇円＋税）

日本の風景に懐かしくも異郷の彩りを添えるヒガンバナは、縄文晩期に中国長江下流域から水田稲作農耕文化の一要素として日本に直接渡来し、いまも人里近くで秋になると突然鮮やかに咲き誇っている。本書は、童話「ごんぎつね」や「赤い花なら曼珠沙華……」と歌謡曲にも登場するヒガンバナの謎と、そこから見えてくる遥かな世界を興味深く描き出す。

江《え》見《み》農書

翻刻・現代語訳・解題

■A5判　八二頁　定価（本体七六二円＋税）

美作《みまさか》国江見（岡山県美作市）で営農経験を積み、新知見にも接していた著者が文政七（一八二四）年頃に著した、当時の情報を豊かに含む一次農書。同郷人に向けた地域に根ざす農書であり、山間盆地における有用樹木の植樹要領、農作物の耕作技術、施肥の方法や時期等が細かく記されており、研究者はじめ関連領域の方々に翻刻と現代語訳を付して提供。